# 지리학자의 열대 인문여행

# 지리학자의 열대 인문여행

야만과 지상낙원이라는 편견에 갇힌 열대의 진짜 모습을 만나다

이영민 지음

아날로그

나는 아마 우리 역사에서 열대를 연구한 최초의 학자일 것이다. 열대에 표류했던 문순득이나 열대를 여행했던 김찬삼 같은 이들은 있었지만 여러 해 동안 열대에 머물며 그곳의 생물과 생태를 연구한 사람은 내가 최초인 듯싶다. 어려서 타잔을 흠모하던 나는 1984년 드디어 아메리카 열대인 코스타리카와 파나마에 첫발을 디딘 이래 지금까지 줄곧 열대생물학자의 삶을 살았다. 1994년 서울대 교수로 부임하기 전까지는 아메리카 열대를 들락거렸지만, 귀국 후에는 가까운 동남아시아 열대를 기웃거리다가 2007년부터는 인도네시아에서 자바긴팔원숭이Javan gibbon를 연구하고 있다. 2019년 한국국제협력단KOICA 요청으로 마다가스카르를 방문했다가 내년부터는 본격적으로 여우원숭이lemurs 연구를 시작하게 될 것 같다.

나는 열대를 사랑한다. 시인 바이런은 "사람들이 정사라고 부르는 걸 신들은 간통이라 부르는데, 이는 무더운 지방에서 훨씬 더 흔하다"고 관찰했다. 나는 아무래도 무더운 열대와 사랑의 열병을 앓고 있는 듯싶다. 지리학자 이영민 교수는 내가 왜 하릴없이 열대와 사랑에 빠질 수밖에 없었는지 설명해준다. 『지리학자의 열대 인문여행』은 열대의 기후, 자연, 음식, 인종, 경제, 정치, 종교, 역사를 참으로 맛깔스럽게 버무려낸 책이다. 열대는 인류와 그 문화의 탄생지였지만 역사의 뒤안길로 뒤처진 이유를 들여다본다. 일찍이 박완서 선생님이 『잃어버린 여행가방』에서 말씀하셨듯이 "남의 정치체제나 문화, 국민소득들을 우리와 비교하지 않고 … (중략) … 부드러운 시선으로 남의 좋은 것이나 나쁜 것을 있는 그대로 바라보고 즐길 수 있다면 그거야말로 새로운 경험이 될 터"일 것이다. 그래서 지리학자의 여행기는 풍요로우면서도 따뜻하다.

내가 쓴 책 중에서 은밀히 가장 총애하는 『열대예찬』에서 나는 "한번도 열대를 구경하지 못하고 인생을 마감해야 하는 이들에게 자꾸 미안하다"고 고백했다. 우리가 온대의 도시에서 문명에 부대끼는 동안 열대에는 여전히 원초적 삶이 발가벗고 춤을 춘다. 무얼 망설이는가? 이 책을 집어 들고 그냥 떠나라! 당신도 열대와 사랑에 빠질 것이다. 그 사랑이 정사든 간통이든.

이화여대 에코과학부 석좌교수, 생명다양성재단 이사장

최재천

배낭 하나 메고 떠나는 아마존 정글 탐험 여행, 세렝게티 초원에서의 사파리, 열대우림 숲속에서 오랑우탄과의 데이트, 보석처럼 아름다운 해변과 다채로운 열대 바닷속 놀랍고 신비로운 생명들과의 만남이 버킷리스트에 있는가? 그렇다면 이 책을 펼치는 것으로 로망이었던 열대여행을 시작할 수 있을 것이다.

책장을 넘길 때마다 이영민 교수는 풍부한 지리학적 지식을 바탕으로 '열대여행 테마 박물관'의 능숙한 안내자가 되어 호기심 가득한 독자들을 세계 열대 지역 곳곳에 데려다 놓는다. 마지막 페이지를 덮을 때쯤에는 열대여행 설계도와 나침반이 두 손에 쥐어져 있을 것이다. 이 설계도에는 내가 80개국 500여 도시 100여 민족을 만나며 '꼭 추천해주고 싶은 여행지'와 '노년을 보내고 싶은 여행지'도 소개되어 있다.

『지리학자의 열대 인문여행』에는 열대여행 중의 깊은 체험과 새로운 발견 그리고 이것들을 통해 이영민 교수가 오랜 시간에 걸쳐 깨달은 삶의 질서와 철학이 담겨 있다. 여행에 대한 시선과 방향성이 나와 비슷해 든든한 지원군이 생긴 것 같아 책을 읽는 내내 짜릿했다.

여행을 준비 중인 사람이라면 열대라는 기후를 기준으로 세계 역사, 각 나라의 문화적 특징과 현재 모습이 형성된 이유에 대한 견문을 넓히고 교양을 쌓을 수 있는 기회가 될 것이다. 이미 열대여행을 다녀왔다면 그간 여행의 추억들이 소환되는 기쁨은 물론이고 다르게 여행해보고 싶은 아이디어와 훨씬 확장된 스펙트럼을 열어줄 것이다. 나 역시 책을 읽으며 그동안 열대 지역을 여행하며 만났던 수많은 이야깃거리와 장면들이 생생하게 떠올라 다시 한번 즐겁게 여행을 하고 돌아온 느낌이 들었다.

이 책을 통해 많은 사람들이 기존에 가지고 있던 편견이나 환상에서 벗어나 열대를 새롭게 인식하고 더불어 '결국 우리 모두의 삶은 이어져 있다'는 인사이트를 얻게 되기를 바란다.

〈걸어서 세계 속으로〉, 〈세계테마기행〉 연출
여행전문 프로듀서 & 트래블 아카이브 워커
오성민

# 편견과 오해를 거둬내면
# 총천연색 열대가 눈앞에 펼쳐진다

4년 전 『지리학자의 인문 여행』을 출간하며 색다른 장소를 경험하는 '여행'과 장소를 학문적으로 연구하는 '지리학'이 서로 맞닿아 있음을 독자에게 알리고자 했다. 인증샷만 남기고 돌아오는 것이 아닌 좀더 풍요롭고 의미 있는 여행을 하고 싶다면 '꼭 가봐야 할 명소'나 '꼭 먹어야 할 음식'을 찾아보는 것뿐만 아니라 여행할 곳의 기후, 지형, 문화 등 지리적 정보를 함께 살펴보는 것이 중요하다고 주장했다. 다행히 많은 독자가 내 이야기에 관심을 갖고 귀를 기울여주었다.

그런데 한편에서는 『지리학자의 인문 여행』에 '여행'은 보이지만 '지리'가 잘 보이지 않아 아쉽다는 지적이 있었다. 상대적으로 지리학 지식과 방법 소개가 부족해 '지리 여행'이 무엇인지 선명하게 와닿지 않는다는 이야기였다. 이를 곰곰 성찰하면서 여행과 지리학이 어떻게 맞닿아 있는지를, 그래서 지리학적 여행이 어떤 앎과 경험의 즐거움을 선사할 수 있을지를 실제 여행 사례를 들어가며 구체적으로 안내하는 책이 필요하겠다는 생각이 들었다.

이 세상에는 80억에 가까운 사람들이 다채로운 자연환경에 적응하며 각자의 독특한 전통문화를 만들어내고, 또 상호교류를 통해 새로운 문화를 창조하며 각자의 자리에서 열심히 살아가고 있다. 그래서 세계 곳곳의 장소들은 어느 하나 똑같은 곳이 없고 어디를 가든 흥미롭고 때로는 경이롭기까지 하다. 그렇다면 이렇게 넓은 지구의 다양한 삶의 터전 중에서 어느 곳을 가장 먼저 소개해야 할까? 길게 고민할 것도 없이 내 답은 '열대'였다.

이유는 간단하다. 그곳이 우리와는 아주 다른 기후와 문화를 가지고 있기 때문이다. 사계절이 뚜렷한 중위도 온대 지역에 살고 있는 우리에게 열대는 친숙하면서도 낯선 곳이고, 그만큼 많은 편견과 오해가 존재하는 지역이다. 책 한 권에 다 담아낼 수 있을지 걱정될 만큼 알려주고 싶은 이야기가 가득한 곳이다.

지리학의 전통이론 중에 '환경결정론'이라는 것이 있다. 자연환경이 인간의 문화를 결정한다는 논리다. 이러한 '환경결정론'의 범주에 속하는 '기후결정론'에서는 이른바 '기후에너지'라는 개념을 통해 저위도 열대나 고위도 한대 지역에 비해 선진국이 위치한 중위도 온대 지역이 사람들의 활동력과 사고력을 높여주는 양호한 기후 조건을 갖추고 있다고 보았다.[1] 이는 결국 저위도와 고위도 지역에 사는 유색인종은 기후의 영향을 받아 문화적 역량이 뒤떨어진다는 인종주의적 논리와도 연결되었다.

　기후결정론은 심지어 같은 중위도 지역 내에서도 유럽 및 북미 동부 지역과 동아시아 지역을 차별화함으로써 현대 문명사회의 발전에 기후가 큰 역할을 했음을 암시했다. 다분히 주관적인 해석을 과학적인 사실인 것처럼 둔갑시켜 강변했던 이 이론에는 전형적인 자문화중심주의 관점에서 바라본 세계관이 반영되어 있다. 결국 이것은 유럽중심주의, 백인중심주의를 옹호한다는 비판을 호되게 받으며 지성계의 뒤안길로 사라졌다.

　그러나 학계에서 퇴출당했을 뿐 이 논리는 우리의 의식 속에 아직까지도 뿌리 깊게 남아 있다. 지금 이 시대에도 "열대 지역은 덥고 계절의 변화가 거의 없어 사람들이 게으르고 그래서 가난할 수밖에 없다"는 우열적 환경관과 문화관이 사람들 사이에 은연중에 퍼져 있다. 이 책에서는 그와 같은 관점이 어떻게 잘못되었는지를 평가하면서 균형 잡힌 시각이 어떤 것인지, 왜 필요한지를 살펴보았다. 그렇게 새로운 시각으로 바라보아야 비로소 열대의 숨겨진 매력이 드러날 수 있다고 보기 때문이다. 아울러 열대의 자연환경이 그곳에 사는 사람들은 물론이고 다른 지역 사람들에게 어떤 영향을 끼치고 있는지, 더 나아가 우리 삶터인 지구 전체의 지속가능성 유지를 위해 얼마나 소중한지에 대해서도 자세히 들여다보았다.

　이 책은 크게 3부로 나뉜다. 1부 '우리는 열대에 대해 얼마나 알고 있을까?'에서는 우선 열대 지역에 대한 우리의 인식에 적잖은 편견과 오해가 쌓여 있다는 점을 지적하고, 그 근원을 확인해보았다. 그리고 열대 지역에서 실제로 경험할 수 있는 독특한 지리적 현상들을 정리한 후, 열대의 각 기후대(열대우림 기후, 열대몬순 기후, 열대사바나 기후)가 어디에, 어떤 특성을 보이며 펼쳐져 있는지를 정리했다.

2부 '열대의 자연은 아름답고 풍요롭다'에서는 가장 전형적인 열대 기후 특성이 나타나는 보르네오섬, 아마존, 빅토리아호, 세렝게티와 응고롱고로, 열대 고산지대, 열대 바다휴양지의 여섯 지역을 중심으로 이곳이 여행자들에게 어떤 매력을 선사하는지 들여다보았다. 특히 현장을 직접 돌아다니며 오감을 통해 경험했던 장소감이 지리적 현상의 이론 및 지식과 어떻게 연결되는지를 담아보았다.

3부 '열대의 삶을 그들 입장에서 바라보다'에서는 인류 탄생의 요람이었던 열대 지역이 어느 순간 역사의 구석으로 내몰려 시야에서 벗어나 있어야만 했던 이유를 확인해보았다. 또한 그렇다고 해서 그들의 삶이 과연 불행했는지, 오히려 유럽의 대항해시대 이후 식민지로 전락하면서 그 착취의 결과가 그들의 행복을 앗아간 것은 아닌지를 밝혔다. 그리고 지금 이 시대 열대 주민들의 삶은 어떠하며, 그것이 우리에게 주는 시사점은 무엇인지를 살펴보았다. 아울러 열대 지역의 유일한 선진국인 싱가포르가 어떻게 열대환경의 한계를 극복하고 적극적으로 활용했는지를 들여다보고, 우리 역사 속에 등장하는 열대와의 교류 흔적들도 간추려보았다.

각 부의 말미에는 열대를 여행하고자 하는 이들이 꼭 알아두었으면 하는 정보를 '열대여행 언제 가는 것이 좋을까?', '열대의 감염병에 대비하기', '열대여행의 가장 큰 어려움은 자연이 아니라 사람이다'의 세 주제로 나누어 부록으로 실었다. 이를 통해 열대여행에 대한 막연한 두려움을 물리치고 즐겁고 안전한 여행을 계획하고 준비할 수 있기를 바란다.

영국의 비평가 존 러스킨은 "세상에 나쁜 날씨란 없으며, 서로 다른 종류의 좋은 날씨만 있을 뿐"이라는 유명한 말을 남겼다. 물론 여행자의 성향과 그에게 익숙한 환경에 따라 특정 기후를 '좋아한다', '싫어한다'고 말할 수는 있다. 하지만 그것이 우열적인 관점에서 어디가 더 '좋다' '나쁘다'라는 뜻과 연결되어서는 곤란하다. 내가 싫어하는 것이 곧 나쁜 것이라고 말할 수는 없지 않겠는가? 세계 각 지역의 기후와 문화는 그저 다를 뿐이다.

생태학자 최재천 교수는 "다르면 다를수록 세상은 더욱 아름답고 특별하다"라고 생물학적 다양성을 예찬하며 인간세계도 그 범주 속에 포함됨을 강조한다. 자연 세계를 구성하는 다양한 것들은 서로의 부족함을 채워주면서 전체적인 조화를 이루고 있으며 그래서 아름답다. 여행은 어떤 것이 다르고 어떤 것이 같은지를 경험하는 시간이지 우열을 판가름하는 시간이 아니다. 그저 '다름'의 관점에서 우리에게 낯설게 다가오는 것들을 있는 그대로 감상하는 것이야말로 여행의 즐거움을 높이는 가장 탁월한 방법이다.

이러한 열대의 '다름'을 부각하기 위해 나는 간혹 우리나라의 기후와 문화를 비교의 기준으로 삼아 이야기를 풀어가기도 했다. '여행하는 자'인 우리 한국인이 '여행되는 것'인 그곳 열대 지역을 확실하게 이해하려면 무엇보다 양 지역 간의 다름을 비교하면서 그 낯선 매력을 찾아내는 것이 가장 확실한 방법일 것이다. 이러한 비교는 또한 너무 익숙해서 평소에는 잘 인지하지 못했던 우리의 삶터 한반도의 지리적 특성에 대해서도 생각해볼 수 있는 계기가 될 것이다.

　여행자의 입장에서 열대의 낯섦을 즐기는 여행과 함께 그들의 입장에서 그곳 열대를 생각해보는 시간도 가져보기를 바란다. 우리처럼 그곳 사람들도 자신의 삶터에서 더 나은 삶을 위해 분투하고 있으며, 따라서 그곳 여행지는 단순히 우리 여행자를 위해 마련된 무대나 소품이 아니라는 점을 기억했으면 한다. 역지사지의 시선은 서로 다른 환경과 문화를 가지고 있지만 우리 모두는 결국 행복을 꿈꾸는 같은 인간이라는 당연한 사실을 새삼 깨닫게 해줄 것이다.

　여행을 좋아하지만 지리(학)는 낯설게 느낄 독자들이 많을 것이다. 지리적 소양이 빈약해서, 또는 지리는 무미건조한 학문이라는 선입견 때문에 지리 여행이 재미없거나 자신과 맞지 않는다고 지레 치부할 사람이 있을지도 모르겠다. 그런 독자들이 이 책을 통해 지리가 무엇인지를 좀더 알게 되고, 그것이 여행을 더욱 풍요롭게 만들어줄 수 있다는 것을 알아채는 계기가 되기를 희망해본다. 그래서 지리적 앎과 여행적 경험이 연결되는 즐거움을 누려볼 수 있게 되기를 바란다.

2023년 7월
이영민

## 차례

제1부

# 우리는 열대에 대해 얼마나 알고 있을까?

# 열대의 자연은 아름답고 풍요롭다

제6장  **카리브해와 마야 유적의 신비로움이 조화를 이루다**
　　　　　　　　　　　**– 열대의 바다 휴양지** ··· 192

# 열대의 삶을 그들 입장에서 바라보다

제1장  **열대는 비어 있던 암흑의 땅인가? 원초적 풍요의 땅인가?**
　　　　　　　**– 인류 탄생의 기원지 아프리카 열대 지역** ··· 220

# 1.

# 우리는 열대에 대해
# 얼마나 알고 있을까?

제1장

열대는 미개의 땅인가?
지상낙원인가?

우리가 생각하는 열대의 이미지

'열대' 하면 무엇이 떠오르는가? 작열하는 태양 아래 야자나무 그늘, 그 주변의 백사장, 산호초에 둘러싸인 에메랄드빛 잔잔한 바다, 달콤한 과일과 맛있는 음식, 꽃장식 여인들의 하느작거리는 훌라춤 등 휴가를 떠나기에 적당한 아름다운 낙원의 이미지를 떠올리는 사람들이 많을 것이다.

그런데 한편으로 열대는 정반대의 이미지도 가지고 있다. 찌는 듯한 무더위, 깊고 깊은 정글, 쫓고 쫓기는 야생 동물, 가난한 사람들, 독재정권의 철권통치, 무장 집단 간의 잔인한 전투 등 위험하고도 암울한 이미지가 그것이다.

어찌하여 열대라는 한 공간에 이렇게 극과 극의 이미지가 덧씌워져 있는 걸까? 어쩌다 이런 이미지들이 우리 머릿속에 자리를 잡았는지, 진짜 열대의 모습은 어떠한지, 본격적으로 열대여행을 떠나기에 앞서 우리가 가지고 있는 편견과 오해 그리고 진실을 하나하나 살펴보도록 하자.

## 열대 지역 사람들은 모두
## 야만적이고 가난하다는 편견

먼저 열대에 대한 부정적인 이미지를 살펴보자. 내전과 인종 학살 같은 끔찍한 사건이 열대 지역, 특히 아프리카 곳곳에서 벌어지고 있는 것은 분명 사실이다. 그러나 뉴스나 영상매체는 실상보다 훨씬 더 참혹하게 이런 사실들을 과장해서 전한다. 이 영향으로 많은 사람들이 열대의 사람들은 애초에 심성이 모질고 야만적이라 끊임없이 크고 작은 이해관계 속에서 무자비한 싸움을 멈추지 못하는 것이라고 단순하게 생각하기도 한다.

예를 들면, 2007년 영화 〈블러드 다이아몬드〉는 서아프리카 시에라리온Sierra Leone에서 실제 있었던 1990년대의 끔찍한 내전 상황을 다뤄 국제사회에 큰 반향을 불러일으켰다. 난무하는 전쟁과 살육, 현대판 노예 납치와 강제 노역, 마약에 취해 죄책감조차 느끼지 못하고 총기를 난사하는 소년병 등 영화 속 장면은 그야말로 아수라장이다. 여기에 더해 다이아몬드를 반출하기 위한 외부 세력들의 음흉한 계략과 반군의 무기 거래, 사치품인 다이아몬드의 글로벌 네트워크, 정의를 실천하려는 서구 언론의 노력 등이 혼합되어 영화의 묘미를 끌어올린다. 이 영화에서 화면을 가득 채운 것은 흑인들의 극악무도한 만행이었으며 이에 압도당한 사람들은 영화 곳곳에서 배경으로 등장하는 아름다운 자연환경에 눈을 돌릴 틈도 없이 '아프리카는 어쩔 수 없이 저런 곳인가?' 하는 선입견을 갖게 되었다.

붉은색 라테라이트 토양의 탄자니아 마테루니 마을

영화 속에서 다이아몬드 밀수업자로 나오는 주인공 대니는 정의를 쫓는 기자에게 "T.I.A.!"라고 외친다. 이 말은 'This Is Africa!(이곳은 아프리카야!)'를 줄여서 표현한 말이다. 갈등과 전쟁의 구렁텅이에서 헤어나지 못하는, 핏빛 붉은색 토양으로 물든 대책 없는 곳이라는 비아냥거림이다.

그렇지만 실제로 그 땅을 밟아본 나는 그 붉은 색의 라테라이트 토양 위에 펼쳐진 열대의 숲이 참 아름답다는 것을, 그것을 삶의 터전으로 삼고 살아가는 사람들이 오염된 일부 외부 세력에 의해 고통을 겪고 있을 뿐이지 근본은 선하다는 것을 알게 되었다. 정돈된 삶이 혼돈의 삶으로 얼룩진 것은 그들 고유의 천성 때문이 아니라 외부에서 드리워진 탐욕의 그림자 때문이다. 세상에 타고난 악당이 어디

있겠는가?

벨기에의 앤트워프Antwerp를 여행하면서 이 영화 속 장면들이 중첩되어 여러 가지 생각이 떠올랐던 적이 있다. 이 도시는 세계 최대의 다이아몬드 거래소와 상점이 밀집해 있어 가히 '세계 다이아몬드의 수도'로 불린다. 아프리카에서 생산된 다이아몬드 원석은 대부분 선진국으로 흘러 들어가 가공을 거쳐 최고가의 사치품으로 거래된다. 이처럼 소비의 현장과 생산의 현장이 선진국과 후진국으로 분명하게 구분되는 현상은 커피나 사탕수수 같은 열대 특유의 다른 산물을 통해서도 확인할 수 있다. 그 진귀한 산물을 품고 있음에도 가난을 벗어나지 못하는 열대의 현실은 참으로 안타까움을 자아낸다.

## 열대를 혼돈 속에 몰아넣은
## 유럽의 식민지배

근현대의 역사에서 열대 지역은 아주 오랫동안 유럽의 식민지로 지배와 착취를 당해왔다. 20세기 중반에 이르러 식민 시대가 끝났지만 그 이후에도 여전히 잔재를 청산하지 못한 채 집단 간 갈등과 혼란 상황이 이어지고 있다. 백인들은 식민지배 과정을 거치면서 흑인이라는 인종을 생물학적뿐만 아니라 사회적으로 열등한 부류로, 참으로 참혹하게 정형화했다. 『브리태니커 백과사전』 1789년 판에는 흑인종에 대한 설명이 다음과 같이 나와 있다.

니그로. 학명은 '호모 펠리니그라'. 완전 흑색의 여러 인간 종을 집
합적으로 부르는 명칭. 특히 아프리카 적도 인근의 열대지방에서 발
견됨. 니그로들의 색조는 다양하나 전체적으로 안면의 모든 측면이
여타 인간 종과 확실히 다름. 니그로의 외모는 둥근 양 볼, 높은 광대
뼈, 약간 융기된 이마, 낮고 퍼지고 편평한 코, 두터운 입술, 작은 귀,
추악한 인상, 전체적으로 불규칙한 외양 등과 같은 특징을 보임. 니그
로 여성은 허리 부위가 깊이 함몰되어 있으며 거대한 둔부로 인해 배
후에서 보면 말안장과 같은 형태임. 이 불행한 족속은 최악의 인격적
결함을 지니고 있음. 나태, 반역, 복수, 잔학, 후안무치, 절도, 기만, 불
경, 방탕, 불결, 방종 등의 악덕으로 인해 이 종족에게는 자연법 법칙
이 소멸되었고 양심의 가책이 없음. 니그로에게는 어떠한 자비심도
없으며, 인간이 자연 상태에 방기되었을 때 얼마나 타락할 수 있는지
를 입증하는 가공할 사례임.

　　인종을 단지 생물학적인 특성 차이로 구분 짓는 데 그치지 않고
인격과 심성의 열악함과 연결 지은 참으로 흉악한 정의다. 그런데 문
제는 지금 이 시대까지도 이러한 생각이 일부 순화된 형태로 통용되
곤 한다는 점이다. 열대 지역 일부에서 벌어지고 있는 끔찍한 상황의
원인에 대해 위의 정의를 가져와 흑인은 태생적으로 타락하고 비양
심적인 존재이기 때문에 그럴 수밖에 없다고 단순하게 치부해버리
는 것이다.
　　하지만 그들이 겪은 과거 오랜 세월 동안의 수탈과 착취를 생각해

보라. 더군다나 식민지 모국 정부는 토착종족을 분리해 차별대우하는 정책을 시행했다. 게다가 식민제국주의가 종식된 후에도 신생 독립국가들은 각 집단의 삶의 터전이 아닌, 유럽 세력이 자신들의 편의에 따라 구획해놓은 국경선과 영토 위에 그대로 세워졌다. 그러니 오늘날의 갈등과 분쟁은 당연한 결과 아니겠는가? 유럽이 중세 이후 수백 년 동안 끔찍한 전쟁을 수없이 겪으면서 오늘날의 안정된 사회를 완성한 것처럼 지금 열대에서 일어나고 있는 정치적 혼란은 어쩌면 필수불가결한 과정일지도 모른다.

그렇다면 열대의 사람들이 애당초 야만적이고 잔인하기에 정치적 불안정이 지속되고 있다는 주장은 온당치 않다. 인종적 편견을 거두고 바라본다면, 그들 또한 착한 심성으로 각자의 삶터에서 분투하며 살아가는 사람들일 뿐이다. 실제로 열대의 삶터 속으로 들어가 살펴보면, 서로 다른 종교나 종족 집단이 서로를 인정하며 평화롭게 공존하는 모습을 많이 볼 수 있다.

## 열대의 또 다른 이미지,
## 지상낙원

열대를 바라보는 또 다른 시선이 있다. 지상낙원으로서의 이미지다. 환상적인 열대의 바닷가에 도착하면 원주민이 천진한 미소로 꽃목걸이를 걸어주고, 야자수 아래 흔들리는 해먹에 누워 유유자적하는 모습 또한 흔히 상상하는 열대의 모습이다. 정반대의 이 같은 이미지는 어떻게 만들어진 걸까?

이러한 이미지는 유럽 문명이 닿지 않은 이상적 원시를 갈구했던 19세기 말 유럽 지성계의 자성 속에서 출현하게 된다. 이 시기 유럽 사회에는 산업혁명과 계몽주의의 진전으로 자연환경 피폐화와 공동체 붕괴 같은 사회병리적 현상이 확산되고 있었다. 그리고 이에 대한 반발로 원시적 순수함을 간직하고 있는 열대에서 자신들이 상실해 버린 이상향을 찾고자 하는 노력이 일어난다.

이러한 유럽의 근대적 열대 인식은 사실 고대 그리스 시대의 지리 인식에 그 뿌리를 두고 있다. 그리스의 지리학자 스트라보는 외쿠메네oikoumene라는 용어를 사용해 인류의 거주 지역을 한대frigid zone, 온대temperate zone, 열대torrid zone의 세 개 지역으로 구분했다.[2] 이는 이후 각 지역별 인간의 생리적 특성, 기질과 행동, 종교, 문화와 문명 등의 차이를 결정짓는 가장 중요한 원인을 기후 차이라고 보는 환경 결정론으로 이어진다. 그리고 중세를 거쳐 한참 동안 수면 아래에 잠재해 있다가 18세기 유럽의 계몽주의와 산업화 물결과 더불어 부활하게 된다. 이후 19세기 말에 이르면 유럽사회가 피폐해지면서 순수한 원시성을 동경하는 예술가들에 의해 상상적 낙원으로서의 열대성이 예술작품으로 표현되기 시작한다.

## 순수한 원시성을 동경한
## 유럽의 예술가들

19세기 말 프랑스의 탈인상주의 화가 폴 고갱은 남태평양의 타히티 Tahiti에서 이상화된 열대성을 추구하며 풍요로운 열대 자연과 풍만한 원주민 여성들을 아련하게 담아낸 여러 편의 작품을 그려냈다. 그는 실제로 남태평양의 타히티와 주변의 프랑스령 폴리네시아에서 말년을 보냈다.

　그런데 고갱은 하고많은 열대의 장소 중에 왜 하필 유럽에서 가장 먼 태평양 한가운데의 타히티를 선택했을까? 이는 1771년 출간되어 선풍적인 반향을 일으킨 프랑스 탐험가 부갱빌이 쓴 『세계 여행기 Voyage autour du monde par la frégate du roi La Boudeuse et la flûte L'Étoile』의 영향이 컸다.[3] 부갱빌은 미지의 세계에 대한 과학 탐사를 위해 세계일주를 했던 인물이고, 특히 남태평양의 많은 섬들에 관한 풍부한 기록을 남겼다. 이 책에서 타히티는 아름답고 풍요로운 자연을 품고 있으며 주민들은 자유롭고 행복한 삶을 살아가고 있는 낙원 같은 곳으로 묘사되었다. 이후 타히티는 서구 문명의 폐해를 비판적으로 성찰하는 하나의 이상향으로 상징되었고, 고갱은 바로 그러한 이상향을 그림으로 표현했던 것이다.

　비슷한 시기에 활동했던 앙리 루소 또한 당대 유럽 사람들이 지니고 있던 이상적 원시에 대한 갈망을 반영하듯 열대에 관한 많은 그림을 그렸다. 그는 고갱과는 달리 프랑스 밖을 한 번도 여행한 적 없는

폴 고갱, 〈아베 마리아〉, 1891년

앙리 루소, 〈꿈〉, 1910년

가난한 화가였다. 그럼에도 그가 영감을 얻을 수 있었던 것은 당시 파리의 식물원과 자연사박물관에 조성되었던 열대의 자연환경 덕분이었다. 그는 이곳의 유리 온실에서 열대의 식물들을 열심히 관찰하고 이를 토대로 독특한 형태의 열대 정글을 복원해냈다.[4] 그의 열대 그림들은 이처럼 실재와 가상이 절묘하게 혼합되어 몽환적인 분위기를 연출한다.

그렇다고 해서 이 예술가들이 열대를 자신들의 문명과 동일한 선상에 놓았던 것은 아니었다. 문명과 야만의 근대적 이분법에서 원시적 이상향이었던 열대는 야만으로 취급받았고, 그들은 이를 '고귀한 야만noble savage'[5]이라는 이율배반적인 명칭으로 개념화했을 뿐이다.


## 단편적 경험과
## 상상이 만들어낸 '열대성'

이처럼 열대 지역을 표상하는 이미지가 긍정과 부정의 극단적 모습으로 단순화되어 있는 이유는 무엇일까? 현재까지도 계속 이어져오고 있는 이러한 양 극단의 이미지 중 어떤 것이 열대의 현실을 더 정확히 재현해주는 것일까?

열대 지역이 본격적으로 광범위하게 묘사되기 시작한 것은 유럽 제국주의 세력이 식민지 정복과 교역, 탐험과 여행 등을 본격화하는 18세기 이후부터다. 물론 유럽인들은 이미 15~16세기부터 아프리카와 아시아의 해안을 따라, 그리고 대서양 건너 신대륙으로 '지리상의 대발견 시대The Age of Geographical Discoveries'*를 이끌어갔지만 열대의 내륙지역은 아직 미지의 땅으로 남겨져 있었다. 온대 기후에 익숙한 유럽인이 열대의 기후환경에 적응하는 것은 어려운 일이었고, 말라리아 등 열대의 감염병에도 매우 취약했기 때문이다. 기술적으로도 내륙의 빽빽한 열대우림이나 대하천의 급류를 헤치고 들어가기에는 역부족이었다. 따라서 그들에게 당시의 열대는 이색적이고 경이로운 동시에 막연한 불안과 두려움을 가져다주는 곳이었다.

이런 가운데 일부 유럽인이 단편적으로 경험해 얻게 된 정보에 상상이 더해져 열대 이야기는 점점 더 풍성해져갔다. 그리고 결국에는 그것이 마치 열대 지역 전체의 모습인 양 마법처럼 탈바꿈되어 본질을 덮어버리게 되었다. 18세기부터는 열대 지역에 대한 서구 제국주의 통치와 탐험이 과학적인 방식으로 진행되기 시작했지만, 기존의 허구적 상상을 걷어내고 정확한 사실로만 체계화하기에는 이미 열대에 대한 이미지가 너무 탄탄하게 굳어져 있었다. 이런 식으로 이른바 '열대성tropicality'이라는 개념은 유럽과는 완전히 다른 진귀한 타자를 '발견'하여 객관적으로 만들어진 것이 아니라, 그 이상으로 '발명'하여 정형화되었다.

---

* 이 용어는 유럽 세력의 대외 진출이 본격적으로 시작되는 15세기부터 전 세계의 발견을 종결 짓는 18세기까지의 기간을 일컫는 용어이며, '대항해 시대', '신항로 개척 시대'라고도 한다. 지리학에서는 유럽이 유럽 이외의 새로운 지역과 장소에 진출해 그 지리를 경험하고 관련 지식을 본격적으로 쌓아가기 시작했다는 의미에서 이렇게 부른다.

## 편견과 상상을 거둬내고
## 있는 그대로 보기

이 같은 '열대성'은 강력한 담론으로 자리 잡아 오늘날까지도 광범위하게 그 위세를 떨치고 있다. 이는 오리엔트(동양)라는 개념이 뚜렷한 지리적 실체가 아니라 관념적으로 정형화된 형식이라고 본 에드워드 사이드의 오리엔탈리즘과 맥이 닿아 있다. 실재하는 장소라기보다는 상상이 가미되어 정형화된 통념이 되어버린 것이다. 지리학자 코스그로브는 이를 '인식론적 열대'(가상의 인식으로 만들어진 열대)로 개념화하면서 '존재론적 열대'(실제로 존재하는 열대)와 구별했다.[6] 지금 이 시대 우리가 열대를 바라보는 시선은 이러한 인식론적 열대로부터 더 큰 영향을 받고 있는 것이 아닌지 성찰해볼 필요가 있다.

그렇다면 열대 지역을 우리가 어떻게 받아들일 것인가에 대해서 유념해야 할 점이 분명해진다. 먼저 열대 지역이 어떤 곳인지를 우리의 시선으로만 볼 것이 아니라 그곳에 살고 있는 사람들의 시선으로도 살펴보는 작업이 필요하다. 인류학자 레비스트로스가 1955년에 출간한 『슬픈 열대』[7]는 균형 잡힌 시선을 갖추기 원하는 독자들에게 추천하고 싶은 책이다. 그는 이 책을 통해 서구사회가 상상하고 정형화했던 '열대는 곧 야만이고 미개'라는 근대의 시선이 잘못되었음을 지적한다. 그는 브라질의 오지로 들어가 그곳 토착부족들의 삶을 경험적으로 분석하고, 그들 삶의 체계가 우리와 근본적으로 별반 다르지 않다는 것을 밝혀내 이론화했다. 즉 그저 다른 사회일 뿐이지 우열의 잣대로 위계화할 수는 없다는 것을 강조했다. 더 나아가 그는 서구 문명사회가 드러내고 있는 여러 가지 문제들을 성찰할 것을 주문하면서 그 잘못된 폐해가 확산되어 열대 토착문화의 고유하고 조화로운 체계가 무너지는 현장을 '슬프게' 바라볼 수밖에 없음을 토로했다.

레비스트로스의 관점은 열대여행을 준비하는 우리에게 많은 시사점을 던져준다. 알게 모르게 뿌리박혀 있는 열대에 대한 차별적 시선을 거두고 있는 그대로의 열대에 주목해보자. 새로운 것들이 비로소 보일 것이고, 새로운 생각들이 연쇄적으로 이어질 것이다. 우리의 입장에서 우열의 관점으로 그곳과 이곳을 굳이 비교하려 들지 말고, 그들의 입장에서 다름을 이해하고 공감하려는 노력이 우리의 여행을 깊이 있게 만들어줄 것이다.

제2장

# 열대의 자연은
# 단순하지 않다

열대 지역의 색다른 자연현상들

열대 지역이란 대체로 적도를 중심으로 남/북 회귀선(위도 23.5도)까지, 혹은 조금 더 넓게 위도 30도 정도까지의 저위도 지역을 말한다. 적도를 영어로는 '이퀘이터equator'라고 부르는데, 이는 지구의 북극과 남극에서 같은 거리에 위치해 남(반구)과 북(반구)을 균등하게 절반으로 가른다는equate 의미를 담고 있다. 두툼하게 튀어나온 지구의 허리 부분에 위치한 적도는 태양으로부터 가장 가까운 거리에 있기에 가장 많은 열에너지를 받는다. 그러니 기온이 높을 수밖에 없다.

지구는 23.5도 기울어진 채 1년을 주기로 태양을 돈다. 따라서 지구를 중심으로 보면 23.5도의 남회귀선과 북회귀선 사이를 태양이 왔다 갔다 하면서 진자운동을 계속하고 있는 것이다.


## 진짜로 해가 중천에서 뜨는
## 적도 지역

북위 33~42도 사이에 위치한 한반도는 태양이 북회귀선에 왔을 때 가장 가까워져 낮이 가장 길어지는 하지에 이르고, 남회귀선에 왔을 때 그 반대인 동지가 된다. 하지만 하지 때조차도 한반도에는 태

라하이나 눈 현상

양이 지표면과 수직으로, 즉 우리의 머리 꼭대기에 위치하는 법이 없다.

이에 비해 회귀선 안쪽 열대 지역에서는 해가 머리 꼭대기에 떠 있게 되는, 그래서 그림자가 생기지 않는 이른바 '라하이나 눈lahaina noon' 현상*이 일어난다. 일 년 중 해가 지표면에 수직으로, 즉 진정한 의미의 중천中天에 뜨는 경우가 두 번씩 있으며 나머지 기간에도 태양의 고도는 항상 높은 상태를 유지한다. 그만큼 이 지역은 지면에 도달하는 태양에너지의 양이 많을 수밖에 없고, 따라서 열대 기후가 펼쳐진다. 회귀선을 뜻하는 영어 단어 '트로픽tropic'이 열대지방이라는 뜻도 동시에 가지고 있는 것은 바로 이러한 이유 때문이다.

적도가 지나가는 열대 지역 곳곳에는 적도기념탑이 세워져 있어 여행자들의 관심을 끌곤 한다. 우리에게 가장 잘 알려진 적도탑은 에콰도르의 수도 키토Quito에 있는 적도기념탑일 것이다. 스페인어 명

---

* 라하이나Lahaina는 북위 20.5도에 위치한 하와이 마우이 섬의 작은 도시 이름이다.

키토(에콰도르)의 적도기념탑 시우다드 미타 델 문도

폰티아낙(인도네시아)의 적도기념비 투구 카투리스티와

칭은 '시우다드 미타 델 문도Ciudad Mitad del Mundo'인데, 직역하면 '세상의 중앙 도시'라는 뜻이다. 에콰도르Ecurador라는 국가의 명칭 자체도 스페인어로 '적도'를 뜻한다. 이 외에도 인도네시아 칼리만탄섬(영어 지명은 보르네오Borneo) 해안도시 폰티아낙Pontianak의 적도기념비 '투구 카투리스티와Tugu Khatulistiwa', 브라질의 대서양 연안 해안도시 마카파Macapá의 '0도 기념탑Marco Zero Monument', 우간다 카야브웨Kayabwe에 있는 '우간다 적도Uganda Equador' 등 세계 곳곳에 기념물이 조성되어 있다.

이 같은 적도 지점에서는 날계란을 길쭉한 방향으로 곧추세울 수 있고, 욕조통에 물을 부었을 때 배수구에 물회오리가 생기지 않고 그대로 빠져나가는 현상을 관찰할 수 있다고 한다. 적도는 북극과 남극을 관통하는 지구의 자전축과 수직을 이루는 선이다. 따라서 이곳에서는 계란 속 무게중심 역할을 하는 노른자가 한가운데 위치하기 때문에 균형을 잘 맞춘다면 세울 수도 있다는 것이다.

또한 적도에서는 지구 자전으로 생기는 전향력(코리올리의 힘)이 거의 없다. 즉, 북반구의 경우에는 움직이는 물체는 반시계 방향으로, 남반구의 경우는 시계 방향으로 돌면서 움직이는 반면, 적도에서는 이 힘이 0에 가까워 회오리처럼 돌면서 움직이는 현상이 나타나지 않는 것이다.

## 열대의 기후다양성을 만드는
## 가조시간과 일조시간

그렇다면 적도 주변 지역에서는 모두 똑같은 기후가 펼쳐질까? 이곳이 태양에너지를 가장 많이 받아 지구상에서 기온이 가장 높다는 점은 분명한 사실이다. 하지만 기후는 기온 이외에 강수와 바람 등에도 영향을 받는다. 지역마다 독특한 지리적 특성에 따라 이들 조건이 달라지므로 같은 열대 지역이라 해도 열대우림 기후, 열대몬순 기후, 열대사바나 기후 등 다양한 특성의 기후가 나타날 수 있다. 그리고 이 같은 다양한 기후는 우리 한반도와는 본질적으로 다른, 그래서 참으로 새롭고도 낯선 열대의 자연경관을 만들어낸다. 또한 그곳에서 살아가고 있는 사람들의 삶의 모습과 사고방식에 영향을 끼쳐 우리와는 사뭇 다른 독특한 문화경관도 조형해낸다.

열대 지역에 다양한 기후가 형성되는 것은 가조可照 시간과 일조日照 시간이 곳에 따라 다르기 때문이다. 가조시간은 해가 지평선 위로 올라와서 다시 그 아래로 사라지기까지의 시간을 말하며, 일조시간은 태양빛이 구름이나 안개에 가려지지 않고 지표면에 도달하는 시간을 말한다. 회귀선 안쪽 열대 지역의 하루 가조시간은 1년 동안 그 차이가 거의 없다. 따라서 연중 큰 차이 없이 높은 기온을 유지하는 것이다.

그렇지만 가조시간이 길다고 해서 반드시 일조시간이나 일조량이 많아지는 것은 아니다. 열대 지역에서 비와 구름이 많아지는 우기 때에는 가조시간은 변함이 없어도 일조시간이 줄어들게 된다. 따라서 기온이 오히려 내려가는 현상이 나타나곤 한다. 건기 때에도 갑자기 먹구름이 몰려와 소나기를 뿌리는 날씨가 종종 나타나곤 하는데, 이는 오히려 더운 열기를 식혀주는 역할을 한다. 이는 열대 지역이 우리가 생각하는 만큼 그렇게 아주 덥기만 한 곳이 아니라는 것을 의미한다. 그곳에 사는 사람들에게 비가 어떤 의미로 인식되는지는 우리와는 다소 다를 것이라는 점을 상상해볼 수 있다.

## 비의 특성으로 구분되는
## 열대의 다양한 기후들

우리는 대구와 서울의 설설 끓는 여름철 무더위를 아프리카에 빗대어 간혹 '대프리카', '서프리카'라고 부르곤 한다. 이 역시 아프리카 전체를 열대우림 기후가 나타나는 단순한 지역으로 등치시키는 편견에서 비롯된 것이라고 할 수 있다. 하지만 아프리카는 열대우림 기후만이 단순하게 펼쳐져 있는 작은 대륙이 아니다. 아프리카를 위시한 세계의 열대 지역에는 열대우림 기후, 열대몬순 기후, 열대사바나 기후 등 크게 세 가지의 다채로운 기후가 펼쳐진다. 이 세 가지 기후를 구분하는 기준과 특성에 대해 간단히 비교하면서 살펴보자.

열대우림 기후가 나타나는 콩고강 일대 지역

## 열대우림 기후

먼저 열대우림 기후는 1년 내내 덥고 비가 많이 내린다. 일 년 열두 달 중 가장 추운 달의 평균 기온이 적어도 섭씨 18도 이상, 강수량은 매달 적어도 60밀리미터 이상이 되어야 이 기후로 분류할 수 있다. 1년 총 강수량은 1,500~10,000밀리미터 정도다. 이런 조건에서는 다양한 식생이 밀도 높게 서식하기 때문에 인간의 개입만 없다면 일년 내내 초록빛의 울창한 열대우림이 펼쳐진다.

　기온을 놓고 보았을 때 이 기후는 아무리 추워 봤자 우리나라의 봄과 가을 기온 정도를 보인다. 강수량 면에서는 우리나라의 연강수량이 대략 1,200~1,300밀리미터 정도인 점과 비교했을 때 대단히 많은 양이 내린다는 것을 알 수 있다. 이처럼 열대우림 기후에서는 계절에 따른 기온과 강수량의 차이는 별로 없는, 일년 내내 덥고 습한 날씨가 이어진다. 그런데 기온의 연교차는 적지만 하루 중 비가 오기 전후나 낮과 밤의 일교차는 제법 크게 나타나기도 하므로 여행자들의 주의가 요망된다.

참고로 우리나라에서도 충남 서천의 국립생태원에 가면 열대우림을 만날 수 있다. 5개의 기후대(열대관, 사막관, 지중해관, 온대관, 극지관)별로 각각 에코리움을 만들어 해당 생태계를 조성해놓았다. 이곳은 세계의 주요 기후와 생태계를 직접 체험해볼 수 있어 세계여행하는 기분을 살짝 맛볼 수 있다.


## 열대사바나 기후

이번에는 열대사바나 기후를 살펴보자. 저위도 열대 지역에는 열대우림과 대비되는 독특한 초원도 펼쳐져 있다. 이러한 초원을 '사바나 savanna'라고 하는데, 이는 스페인어로 '나무가 없는 평야'라는 뜻이다. 그런 자연환경을 만들어내는 기후가 바로 열대사바나 기후이며, 그냥 간단히 사바나 기후라고 부르기도 한다. 이 기후가 나타나는 대표적인 곳이 아프리카 동물의 왕국 세렝게티다. 그 외 아메리카 대륙에서는 아마존 열대우림의 바깥 지역이, 그리고 동남아시아의 인도차이나 반도와 남부아시아의 여러 지역도 여기에 포함된다. 아시아 쪽의 경우에는 높은 인구밀도로 자연환경 개발이 많이 이루어져 천연

쿠바의 바오바브 나무와 사바나 경관

의 형태로 오롯이 보존된 초원은 드물게 분포한다.

이 기후는 열대우림과 마찬가지로 일년 내내 기온이 높아서 가장 추운 달도 섭씨 18도 이상을 보인다. 그런데 강수량의 경우에는 큰 차이가 있어 여름철 우기 때는 열대우림 수준의 비가 내리는 반면, 겨울철 건기 때 일부 지역에서는 사막을 방불케 할 정도로 건조한 날씨가 계속된다. 이에 따라 일년 총 강수량은 2,000밀리미터를 넘지 않는다. 상대적으로 오랫동안 지속되는 건기 동안은(4개월 이상) 강수량이 매우 적어 키 큰 나무들이 자라기 어렵고 넓은 초원이 발달할 수밖에 없다. 그렇다고 키 큰 나무가 전혀 없는 것은 아니다. 우산아카시아 나무나 바오바브 나무* 같은 건조한 환경에도 잘 견디는 키 큰 나무가 초원 위에 듬성듬성 분포하기도 하는데, 이런 모습을 '소

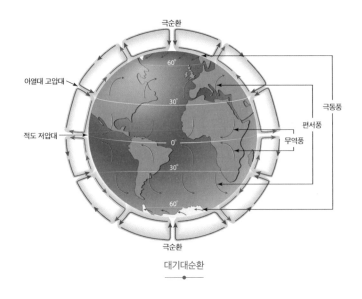

극순환

아열대 고압대

적도 저압대

극동풍

편서풍

무역풍

극순환

대기대순환

림장초疏林長草' 경관이라고 부르기도 한다.

　이처럼 계절에 따라 강수량이 크게 달라지는 것은 이 기후가 펼쳐지는 곳이 열대우림 기후 지역의 바깥에, 즉 적도보다 높은 위도상에 위치해 있고, 따라서 지구가 23.5도 기울어진 채 공전하는 과정에서 1년을 주기로 서로 다른 기압대에 편입되기 때문이다. 즉, 여름에는 적도 저압대에 속하는 반면, 겨울에는 아열대 고압대에 속하게 됨으로써 계절에 따라 대기의 움직임이 달라지기 때문이다. 다소 복잡해

---

＊　흔히 바오바브 나무는 마다가스카르의 고유한 나무로 알려져 있는데, 사실 세네갈에서 마다가스카르에 이르는 중부 아프리카는 물론이고 인도, 오스트레일리아, 쿠바 등 세계의 사바나 지역 곳곳에서 조금씩 다른 모양으로 분포한다. 이 나무는 몸통 속이 비어 있어 우기 때 그 안에 채워진 물이 건기 때 주민들의 생명수로 중요한 역할을 한다.

보이는 이러한 지구 전체 차원의 기압(공기가 지표면에 가하는 압력) 배치와 대기의 움직임을 '대기대순환'이라고 하는데, 조금 복잡해 보여도 열대의 기후와 자연환경을 이해하는 데 필수적이므로 알아두면 좋을 것이다.

## 열대몬순 기후

또 하나의 독특한 열대 기후가 열대몬순 기후다. '몬순monsoon'이라는 말은 우리말로 계절풍을 뜻한다. 이 기후의 기온은 열대의 다른 기후와 마찬가지로 가장 추운 달에도 섭씨 18도 이상을 보여 일년 내내 더운 날씨가 계속된다. 그런데 열대몬순 기후는 계절에 따라 바람의 방향이 달라지는 현상에 의해 강수량의 계절차가 나타난다. 앞에서 보았던 열대사바나 기후가 계절에 따라 다른 기압대에 편입되어 강수량의 차이를 보이는 것과는 달리, 계절에 따라 바람의 방향이 달라지면서 강수량도 큰 차이를 보이는 것이다.

이러한 현상은 특히 큰 바다를 끼고 있는 해안지역에서 더 분명하게 나타난다. 여름철에는 바람이 바다에서 대륙을 향해 불어 많은 비가 내리고, 반대로 겨울철에는 대륙에서 바다를 향해 불어 상대적으로 건조한 날씨가 계속된다. 그런데 일년 총 강수량에서는 열대우림 기후와 별 차이가 없거나 오히려 더 많은 곳도 많다. 그만큼 우기 때에 엄청난 양의 비가 내린다는 뜻이다. 예를 들어 인도양의 뱅골만을 끼고 있는 방글라데시와 인도의 아샘 지방은 대표적인 열대몬순 기

열대몬순 지역의 우기(방글라데시 다카)

후 지역으로 연중 약 20,000밀리미터 이상의 비가 쏟아진다. 이곳은 세계에서 가장 비가 많이 내리는 곳으로 알려져 있는데, 특히 여름철 우기 때에 엄청난 양의 비가 내린다. 여름철에 남쪽 인도양으로부터 습한 계절풍이 불어와 북쪽의 히말라야 산지를 만나고 그 사이에 엄청난 양의 비를 뿌리게 되는 것이다.

건기와 우기가 분명하게 구분된다는 점은 열대몬순 기후와 열대 사바나 기후가 갖는 공통점이다. 건기가 더 길게(4개월 이상) 지속되면 열대사바나 기후, 더 짧게(4개월 이하) 지속되면 열대몬순 기후로 구분한다. 이러한 차이는 매우 다른 식생경관을 만들어낸다. 앞에서 살펴본 바와 같이 열대사바나 기후가 소림장초의 광활한 초원 중심의 경관인 반면, 열대몬순 기후는 상대적으로 건기가 짧고 총 강수량은 많기 때문에 키 큰 나무가 자라기에 충분해 열대우림을 형성

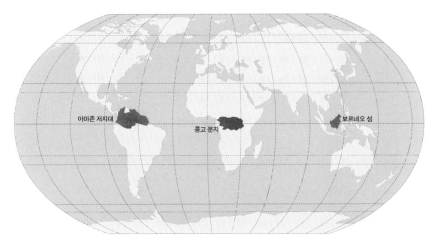

세계 3대 열대우림 경관 지역

할 수 있다. 다시 말해 '열대 정글'이라고도 불리는 열대우림(식생)은
열대우림 기후에서뿐 아니라 열대몬순 기후에서도 형성된다는 것을
기억해두기 바란다.

　세 개의 대륙(아시아, 아프리카, 남아메리카)에서 적도가 지나가는 지역
에는 세계 3대 열대우림이 각각 분포한다. 동남아시아의 보르네오섬
(이 섬의 남쪽을 통치하고 있는 인도네시아에서는 이 섬을 '칼리만탄'이라고 부른다)과
주변 지역, 중부 아프리카의 콩고분지, 남아메리카의 아마존 저지대
가 그것이다. 이곳에는 분명 열대우림의 식생이 빽빽하게 들어차 있
지만, 기후적인 측면으로 보자면 열대우림 기후와 함께 열대몬순 기
후도 펼쳐져 있다.

제3장

세계의 열대는
무엇이 같고 무엇이 다를까?

세계의 열대 지역

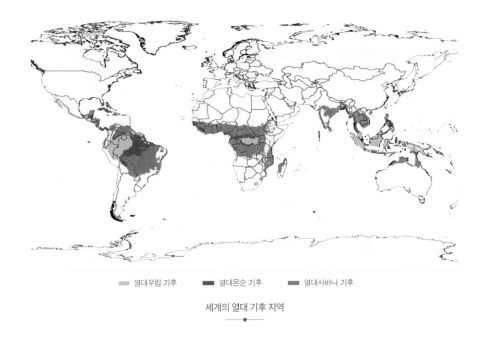

열대우림 기후　　　■ 열대몬순 기후　　　■ 열대사바나 기후

세계의 열대 기후 지역

열대의 다양한 기후들에 대해 어느 정도 알게 되었다면 이제부터는
지도상에서 열대 지역들이 어디에 있는지 하나하나 살펴보자.


## 아시아의 열대 지역

한반도에서 가장 가까운 아시아권에는 보르네오섬을 중심으로 한
동남아시아 지역과 인도와 스리랑카를 포함한 남부아시아 지역에
열대 기후가 펼쳐져 있다. 대체로 북회귀선이 지나가는 인도북부 지
역-중국과 동남아시아의 접경지역-대만이 열대의 북쪽 경계를 이

룬다. 태평양과 인도양이 유라시아 대륙과 만나는 이 지역은 계절풍의 영향을 강하게 받는 곳이다. 따라서 해안지역에는 열대몬순 기후가 탁월하게 나타나고, 그 외 열대사바나 기후가 펼쳐진다. 그러나 대양에 떠 있는 섬 지역은 사방으로 큰 바다의 영향을 받아 열대우림 기후가 나타난다. 그런데 사실 여행자들이 현지에서 이를 구별해 내기는 쉽지 않다. 특히 열대우림 기후와 열대몬순 기후를 구분하는 기준은 매월 강수량이 60밀리미터에 도달하는지 여부인데, 열대몬순 기후에서 60밀리미터 미만의 비가 내리는 달이라고 해도 이에 근접한 양이라면 열대우림 기후와 그리 큰 차이는 아니기 때문이다. 즉 열대몬순 기후에서 건기와 우기의 구분은 강수량이 상대적으로 많고 적다는 의미일 뿐이며, 이 기후에서 건기라는 말을 사막처럼 비가안 내린다는 의미로 이해하면 곤란하다.


## 동남아시아

동남아시아 해안의 곳곳에 흩어져 있는 코타키나발루, 발리, 푸껫, 파타야, 세부, 보라카이, 팔라완 등은 우리에게 무척 친숙한 열대의 여행지로 자리 잡았다. 한국에서 가까워 비교적 힘들지 않게 다녀올 수 있기 때문일 것이다.

동남아시아에서 열대 기후가 나타나는 곳은 크게 인도차이나 반도의 대륙지역과 필리핀, 인도네시아의 수많은 섬들로 이루어진 도서지역으로 나눌 수 있다. 중국과 국경이 맞닿아 있는 베트남, 라오스, 태국, 미얀마 등의 인도차이나 반도 북부지역은 티벳고원으로 이어진 산지가 두툼하게 펼쳐져 있어 자연지리적 열대의 북쪽 경계를 이루고 있다. 이 경계지역은 태평양을 향하여 해남도(하이난섬), 대만으로도 이어진다. 또한 조금 더 북쪽에 위치한 오키나와도 열대 기후에 가까운 모습을 보인다. 사실 오키나와현을 구성하는 수많은 섬들의 남쪽 끝은 대만과 거의 닿아 있다.

동남아시아 열대의 중심에는 적도가 관통하는 보르네오(칼리만탄) 섬이 위치한다. 이 섬에는 울창한 열대우림이, 특히 이 섬을 양분하고 있는 말레이시아와 인도네시아의 국경을 따라 내륙지역에 비교적 잘 보존되어 있다. 남쪽으로는 인도네시아의 수마트라섬에서 뉴기니섬과 호주의 북쪽 해안지역 사이에 수많은 섬들이 동서 방향으로 이어져 있다. 이곳은 남반구에 속해 있어 인접한 북반구의 열대와 미세한 차이이긴 하지만 계절이 뒤바뀌어 나타난다.


## 인도 반도와 인도양의 섬들

동남아시아 태평양에서 싱가포르와 믈라카 해협을 지나면 인도양이 펼쳐지고 스리랑카와 인도에 도달한다. 인도양은 남쪽을 제외한 대부분의 바다에서 난류가 흘러 열대 기후가 광범위하게 나타난다는 점에서 다른 대양들과 분명한 차이를 보인다. 왜냐하면 태평양, 대서양은 북극해로 트여 있지만, 인도양은 북쪽이 유라시아 대륙으로 막혀 있어 한류가 내려오지 못하기 때문이다. 다만 계절풍의 영향을 받

인도양 몰디브의 환초

기 때문에 건기와 우기가 반복되는 열대몬순 기후가 곳곳에 나타난
다. 우기에는 인도양의 고온다습한 바람이 불어오는데 특히 앞서 살
펴본 대로 뱅골만과 아샘 지방, 그리고 인도의 서부해안지역에 엄청
난 양의 비가 쏟아진다.

　몰디브, 세이셸 군도, 모리셔스 등이 대표적인 인도양의 열대휴양
지로 알려져 있는데, 이들 중 우리에게 가장 잘 알려진 곳은 아마도
몰디브일 것이다. 아프리카 쪽에 가까운 세이셸 군도, 모리셔스는 우
리에겐 다소 낯설지만 유럽인들에게 인기가 높다. 우리에게 신혼여
행지로 잘 알려진 몰디브에는 적도에서 북위 7도 사이에 20여 개의
환초*가 남북으로 길게 늘어져 있다. 흥미로운 것은 이곳이 인도양

---

*　열대 바다의 작은 섬에는 산호가 둘레를 에워싸면서 쌓이다가 굳어져 석회암의 돌덩어리 같
　은 산호초가 만들어진다. 오랜 시간이 지나면서 가운데 섬은 침강하여 사라지고, 결국 원형이
　나 타원형 모양으로 산호초가 남는데, 이를 환초라고 한다.

섬 지역임에도 열대우림 기후가 아닌 열대몬순 기후로 분류된다는 점이다. 그만큼 계절풍의 영향이 크기 때문이다. 하지만 자세히 살펴보면 거의 열대우림 기후라고 해도 과언이 아니다. 2월 한 달만 유일하게 60밀리미터 이하의 비가 내리기 때문이다.

## 오세아니아의 열대 지역

### 남태평양의 섬들

남태평양에 넓게 흩어져 있는 수많은 열대의 섬들은 크게 세 개 지역으로 나뉜다. 고등학교 지리 수업시간에 배웠던 멜라네시아Melanesia, 미크로네시아Micronesia, 폴리네시아Polynesia 같은 지명이 기억날지도 모르겠다. 지명을 풀이해보면 멜라네시아는 '흑인Mela의 섬들nesia'이라는 뜻이며 호주와 뉴질랜드의 북쪽, 적도와 남회귀선 사이에 위치한다. '작은Micro 섬들nesia'이라는 뜻의 미크로네시아는 멜라네시아의 북쪽으로 적도와 북회귀선 사이에 위치한다. 이보다 더 동쪽에 위치한 폴리네시아는 하와이와 뉴질랜드, 그리고 모아이 석상으로 유명한 이스터섬을 연결하는 '삼각형Poly 지역 안에 흩어져 있는 섬들nesia'로 구성된다.

　이 넓은 태평양의 섬들은 앞서 이야기한 것처럼 유럽 사람들이 식민지로 점령한 후 열대의 낙원으로 그려지면서 주목을 받아왔다. 하

남태평양의 열대 섬들

타히티 보라보라섬의 리조트

지만 한국인들에게는 여전히 멀리 떨어진 미지의 땅으로 남아 있다. 직선거리로 따지자면 한국에서 하와이섬까지의 직선거리와 비슷해 아메리카나 아프리카의 열대 휴양지에 비하면 더 가깝다. 하지만 동남아시아의 휴양지에 비해서는 상대적으로 더 멀고, 직항편이 없어 멀리 뉴질랜드나 호주를 거쳐 다시 북쪽으로 돌아 이동해야 하기 때문에 시간과 비용이 많이 든다. 이런 이유로 한국인들에게 아직은 대중적인 휴양지로 자리 잡지 못하고 있는 것 같다.

피지, 사모아 이외에도 통가, 타히티, 솔로몬제도, 바누아투, 투발루 등 한 번쯤 이름은 들어봤을 법한 섬들이 바로 이곳에 있다. 이 지역에 흩어져 있는 크고 작은 섬은 무려 25,000여 개나 되는데, 최근에는 지구온난화와 해수면 상승에 따른 국가 자체의 존립 위기로 주목받으며 안타까움을 자아내고 있다.

벌써 15년 전인 2007년 어느 날, 한국교육방송의 시사 다큐멘터리 〈지식채널 e〉라는 프로그램을 보면서 나는 지구온난화와 해수면 상승으로 인류가 맞닥뜨리게 될 재앙을 심각하게 느끼기 시작했다. 산호초 섬들로 구성된 투발루라는 국가의 평균 고도는 2미터인데, 점점 차오르는 바닷물로 도로와 농경지가 침수되어 점점 더 어려움을 겪게 되는 상황이 〈무지개 너머 어딘가Somewhere over the rainbow〉라는 노래의 선율을 타고 화면 가득 채워졌다. 가족과 주민들의 생존 자체를 걱정하는 주인공 할아버지의 비장한 기도 소리가 내 마음을 깊이 파고들었다. 선진국에 풍요를 가져다 준 온실가스 배출과 그로 인한 지구온난화가 엉뚱하게도 지구 저편 남태평양 섬나라의 무구한 사람들을 곤경에 빠뜨리고 있었다. 부끄러운 마음과 두려운 마음이 교차하는 순간이었다.

2021년 가을 투발루의 위기는 다시 한번 강렬하게 매스컴을 흔들었다. 제26차 유엔기후변화협약 당사국 총회에서 투발루의 사이먼 코페 외교장관이 자국의 위기를 호소하는 연설을 침수된 섬에서 진행해 전 세계로 송출했던 것이다. 섬의 끝자락 침수가 진행되고 있는 현장에서 양복을 입고 무릎 아래까지 바닷물에 잠긴 채 "우리는 가라앉고 있다. 강대국의 말뿐인 약속을 기다릴 수 없다. 당장 기후온난화 극복에 나서달라"며 호소하는 그 장면은 남태평양 열대의 아름다움과 비통함이 교차되며 많은 이들에게 각인됐다. 이 영상은 '투발루 장관 수중 연설'로 검색하면 지금도 볼 수 있으니 꼭 한번 찾아보기를 권한다.

## 호주 북동부 해안지역

열대지역에는 거의 대부분 개발도상국이 위치해 있다. 그런데 선진국인 호주의 북부와 북동부 해안지역에도 열대 기후가 펼쳐져 있다는 사실을 잘 모르는 사람들이 의외로 많다. 그 거점도시인 다윈Darwin과 케언스Cairns를 찾아보자. 회귀선 안쪽에 위치해 바로 북쪽으로 인도네시아와 뉴기니섬을 마주보고 있는 이곳에는 주로 열대사바나 기후가 나타난다.

호주 북동부 지역에는 해안을 따라서 길이 약 2,000킬로미터, 너

케언스의 쿠란다 열대우림을 달리는 쿠란다 열차

비 약 500~2,000미터에 이르는 세계 최대의 산호초 군락지, '대보초 해안(그레이트 베리어 리프Great Barrier Reef)'이 형형색색의 아름다움을 자아내며 뻗어 있다. 또한 여행의 중심지인 케언스에는 난류의 영향을 받아 형성된 열대우림, '쿠란다Kuranda'가 잘 보전되어 있다. 영화 〈아바타〉에 영감을 준 게 바로 이곳이다. 기차나 케이블카, 혹은 트레킹으로 감상하는 쿠란다 열대우림, 수영이나 보트로, 아니면 그냥 육안으로 즐기는 대보초 지형(산호초, 환초, 블루라군 등), 열대의 뭉게구름과 수평선 사이에서 솟아오르는 남태평양의 일출, 스노클링으로 즐기는 바닷속 대보초 지형과 생명체들의 신비로운 움직임 등 이 모든 것이 엮어내는 아름다운 풍경은 두말할 필요 없이 장관을 이룬다.

그런데 최근 지구온난화에 따른 수온 상승으로 이곳 청정지역의

케언스 피츠로이섬의 '백화'된 산호 해안

산호초는 '백화 현상'이 점점 더 빠르게 진행되면서 심각한 위기를 맞고 있다. 산호는 산호충이라는 일종의 동물로서 열대의 바닷가에서 군락을 이루며 산호초를 구성한다. 산호초가 다양한 색상을 갖고 있는 것은 이 산호충의 종류가 다르기 때문이 아니라 그 위에 붙어 사는 식물인 해조류의 색깔이 다르기 때문이다. 그런데 바닷물의 수온이 급격히 상승하면 대부분의 해조류가 사라지고 석회질 성분의 홍조류만이 살아남았다가 이마저도 죽으면 하얀색의 석회질 성분만이 남아 산호를 덮게 되는데, 이를 백화 현상이라 한다. 이 같은 백화 현상이 길어지면 산호도 결국에는 죽음에 이르게 된다.

　케언스 앞바다에는 백화되어 딱딱하게 굳어버린 산호들로 가득 찬 섬들이 늘어가고 있다. 그중 하나인 피츠로이섬은 과거 화려한 산호가 펼쳐진 스노클링의 명소였으나 지금은 해안은 물론이고 바닷속도 백화된 산호로 뒤덮인 죽음의 바다가 되어버렸다. 그저 스노클링 방법을 배우는 교습소가 되어버린 이 섬의 바닷속에서 물안경 너머로 보이는 풍경은 온통 하얀색의 음산한 모습뿐이다. 손가락 모양으로 딱딱하게 백화된 산호는 발바닥을 아프게 하여 수영만 즐기는 것조차도 불편하게 만들어버렸다. 이제 대보초 해안에서 형형색색의 산호를 감상하고 싶다면 배를 타고 한참을 나가야만 한다.

'바다의 사막화'라 일컬어지는 백화 현상으로 열대 산호초가 사라져버린다면, 비단 우리 여행자들이 훌륭한 여행자원을 잃는 것만으로 끝나지 않을 것이다. 산호초는 해일의 강도를 완화해주는 일종의 방파제 역할, 생물종의 다양성을 유지하는 보금자리의 역할을 수행하기 때문이다. 자연 파괴는 결국 인간의 삶을 파괴하게 될 것이다.


## 아메리카의 열대 지역

### 아마존 열대우림을 둘러싼 9개 나라

이번에는 아메리카 대륙으로 가보자. 이곳에는 세계 최대의 열대우림 아마존이 넓게 펼쳐져 있다. 적도와 나란하게 흐르는 아마존강의 본류로는 수많은 지류가 유입되는데, 그 일대의 광활한 지역이 열대우림으로 빽빽이 들어차 있다. 그런데 여기서 우리가 새삼 주목해야

아마존에 걸쳐 있는 남아메리카 대륙의 9개 나라

할 사실이 있다. 흔히 아마존이라고 하면 브라질만을 떠올리는데, 사실 아마존은 볼리비아, 페루, 에콰도르, 콜롬비아, 베네수엘라, 가이아나, 수리남, 프랑스령 기아나, 브라질의 9개 나라와 연결되어 넓게 분포하고 있다. 이들 나라는 모두 안데스산맥과 기아나 고원, 브라질 고원의 고지대를 끼고 있으며, 이 고지대가 바로 아마존강의 본류와 지류들이 발원하는 곳이다.

이 9개 나라는 내륙국인 볼리비아를 제외하고 모두 태평양과 카리브해 등 큰 바다에 면해 있다는 점도 흥미롭다. 즉, 저위도 열대 지역의 이들 나라가 바다와 높은 산지, 그리고 열대우림을 동시에 끼고 있다는 점은 다양한 기후가 동시에 나타나는 특성과도 연결된다.

적도가 관통하는 에콰도르를 예로 들어보자. 서쪽 태평양 연안에는 한류인 페루 해류의 영향으로 사막과 스텝 기후가 나타나고, 한가운데를 남북으로 관통하는 안데스산맥 일대에서는 온대~한대 기후가 고도에 따라 달리 분포한다. 또한 안데스 정상을 넘어 동쪽 사면을 따라 내려가면 열대 기후가 나타나면서 아마존 열대우림이 펼쳐진다. 동서 간의 폭이 길어야 600킬로미터 정도에 불과한 작은 나라에서 이처럼 다양한 기후와 그에 따른 독특한 자연과 문화를 동시에 경험할 수 있다는 점은 여행자에게 큰 매력이 아닐 수 없다.


## 카리브해를 둘러싼 아름다운 섬들과 대륙의 해안

아메리카 대륙의 열대 기후는 아마존으로부터 남북으로 연장되어 북으로는 중앙아메리카의 동쪽 카리브해 연안지역까지, 남으로는 파라과이와 브라질 남부의 리우데자네이루까지 이어진다. 카리브 지역은 이러한 열대 기후에 더해 과거의 신비로운 마야 문명과 현대의 다채로운 카리브 문화가 펼쳐져 있어 바로 위에 있는 미국은 물론 중위도 선진국 사람들에게 인기 있는 여행지가 되고 있다.

카리브해에 늘어서 있는 섬들은 크게 쿠바, 자메이카, 히스파뇰라(아이티, 도미니카 공화국) 등 서쪽의 큰 섬들로 이루어진 대大앤틸리스

카리브 지역의 범위

제도와 그 동쪽의 작은 섬들이 징검다리처럼 이어져 베네수엘라 해
안까지 이르는 소小앤틸리스 제도로 구성되어 있다. 또한 카리브해
에 닿아 있는 아메리카 대륙의 해안지역도 카리브 지역으로 분류된
다. 멕시코 유카탄 반도에서 파나마에 이르는 중앙아메리카 해안과
콜럼비아에서 아마존강 하구에 이르는 남아메리카의 북부 해안에는
열대의 자연경관이 아름답게 펼쳐져 있다. 최근 우리에게도 인기가
높아지고 있는 칸쿤이 바로 이곳에 자리 잡고 있다. 또한 미국 본토
에서 유일하게 열대 기후가 나타나는 마이애미 주변의 플로리다 남
단도 이곳 카리브해의 바로 북쪽에 위치한다.

'카리브Caribbean'라는 지명은 소앤틸리스 제도의 토착 원주민을 지
칭하는 '카리브족Caribs'에서 유래했다. 이곳은 또한 '서인도 제도West

쿠바의 사탕수수밭

Indies'라고도 부르는데 그 기원은 다음과 같다.

15세기 말 스페인 왕실의 지원을 받아 항해에 나선 콜럼버스가 인도에 닿기 위해 대서양을 가로질렀을 때 처음 도착한 곳은 바하마 제도였다. 바하마 제도는 북회귀선이 가로지르고 있는 열대의 시작점이라 할 수 있다. 콜럼버스는 이후 카리브해로 진입하여 쿠바를 거쳐 히스파뇰라〔에스파냐어로 '작은 에스파냐(스페인)'라는 뜻〕 섬에 도착한다. 그는 쿠바를 일본이라 착각했고, 더 서쪽으로 가면 인도에 도착할 것으로 생각했다. 이후 신대륙에서 본격적인 탐험이 시작되면서 이곳이 인도가 아니라는 것이 확인되었으나, 지명으로는 그대로 남아 이렇게 불리게 되었다.

이 카리브 지역은 콜럼버스가 최초로 도착한 1492년 이후 17세기

초까지는 거의 대부분 스페인의 지배하에 있었다. 그러나 이후 영국, 프랑스, 네덜란드 등이 점차 세력을 키우며 조금씩 카리브 쪽으로 영역을 확장하기 시작했다. 흔히 카리브 하면 떠올리게 되는 해적의 이미지는 바로 이 시기에 일대에서 활약하던 서부유럽 해적단들로부터 생겨난 것이다. 그들은 이 지역을 선점해 막강한 부를 확보하고 있던 스페인을 괴롭혔다.

17~19세기에는 사탕수수 등 열대작물 플랜테이션으로 바뀌어버린 열대의 아메리카와 노예 공급처였던 아프리카, 그리고 식민지 모국들이 포진한 유럽의 세 대륙을 잇는 대서양 삼각무역이 약 2백여 년 동안 지속되었다. 그 과정에서 여러 인종과 문화가 활발하게 뒤섞이면서 이곳 카리브 지역만의 독특한 문화가 탄생하게 된다.


## 브라질의 해안지역

이번에는 남아메리카의 대서양 연안을 따라 브라질 남부 해안으로 가보자. 열대사바나 기후가 나타나는 브라질의 대표도시 리우데자네이루에는 유명한 코파카바나Copacabana 해변이 약 4킬로미터에 이르는 백사장을 길게 드리운 채 펼쳐져 있다. 연중 섭씨 25도 내외의 훈훈한 기온이 이어지는 이 도시는 열대의 아름다운 자연경관이 화려한 도시문화경관과 어우러져 이국적인 향취를 한껏 자아낸다.

남아메리카 열대 지역은 동쪽 대서양을 건너 아프리카 열대 지역으로 이어진다. 대서양 건너 양 대륙의 열대 지역 간 거리는 얼마나

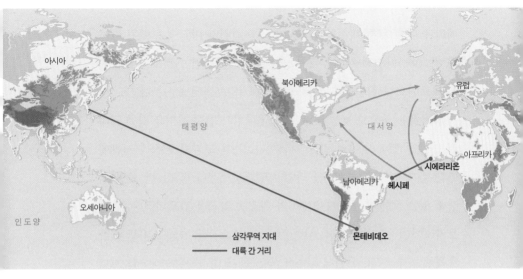

아시아, 아메리카, 아프리카의 대륙 간 거리

될까? 역삼각형 모양의 남아메리카 대륙에서 가장 동쪽으로 돌출한 지점에는 세계 최초의 노예항구였던 헤시페Recife가 있다. 이곳에서 아프리카의 서쪽으로 돌출한 소위 '불룩한 배Bulge of Africa'의 가장 가까운 지점(시에라리온)까지의 직선거리는 불과 3,000킬로미터가 채 안 된다. 이 서부 아프리카 기니만의 해안선은 적도의 바로 북쪽에 동서 방향으로 달리고 있는데, 노예해안, 상아해안, 후추해안, 곡물해안, 황금해안 등 그 지명들이 이채롭다. 유럽 식민제국주의 경영의 근간이 되었던 삼각무역이 아프리카의 열대 해안지역에서 무엇을 어떻게 착취했는지를 짐작케 한다.

이러한 삼각무역은 유럽의 모더니즘과 식민지 개척의 결과로 이루어진 것이라고 할 수 있겠지만 더 근본적인 이유는 아프리카와 아

메리카 대륙 사이 대서양을 가로지르는 거리가 비교적 짧았기 때문
일 것이다. 반면에 태평양에서는 적도 통과지점인 에콰도르 해안에
서 보르네오섬까지의 거리가 무려 18,000킬로미터에 이른다.

한국을 기준으로 보았을 때 이 남아메리카 열대 지역은 지구 반대
편에 가장 멀리 떨어져 있는 지역이다. 아마 고등학교 지리 시간에
나온 '대척점'이라는 개념이 기억날지도 모르겠다. 우리나라와 대척
점에 있는 국가인 우루과이까지의 거리는 약 2만 킬로미터다. 만약
브라질이나 아르헨티나로 여행을 한다면 20시간 이상의 비행을 각
오해야 한다. 그것도 현재로서는 직항편이 없으니 북미 대륙을 거치
거나 유럽 혹은 아프리카를 거쳐야 한다. 어느 쪽으로 가든 상당히
어려운 여행길이 될 수밖에 없으니 큰 각오가 필요하다.


## 아프리카의 열대 지역

아프리카 대륙에서 북회귀선은 사하라 사막의 한가운데를 지나고,
남회귀선은 나미브 사막과 칼라하리 사막, 그리고 인도양의 마다가
스카르섬 남단을 통과한다. 남회귀선과 북회귀선 사이의 넓은 열대
아프리카는 기니만 연안의 서부 아프리카와 콩고분지 주변의 중부
아프리카, 그리고 빅토리아호에서 인도양에 이르는 동부 아프리카
로 구분된다. 아프리카의 이 지역들은 같은 위도대에 속해 있지만,
다양한 지형적 조건을 갖추고 있어 열대의 세 개 기후(열대우림, 열대몬

마다가스카르의 바오바브 나무와 사바나 경관

순, 열대사바나)를 다채롭게 펼쳐놓고 있다.

## 콩고분지와 마다가스카르의 열대우림 지역

세계 3대 열대우림 중 하나인 콩고분지는 아프리카 대륙 한가운데에 자리 잡고 있다. 적도 주변의 연중 높은 기온에다가 콩고강의 수많은 지류들이 거미줄처럼 연결되어 풍부한 수량을 끊임없이 공급함으로써 빽빽한 열대우림이 형성되어 있다. 흥미롭게도 콩고강의 유역분지는 남반구와 북반구에 모두 걸쳐 있는 고도 500미터 이하의 저지대를 덮고 있는데, 이것이 바로 열대우림이 들어찰 수 있는 이유다. 즉 남반구와 북반구에서 각각 건기와 우기가 교대로 발생하기 때문

마다가스카르섬의 위성 사진

에 연중 끊임없이 풍부한 수량을 유지하며 전체적으로 습한 환경을 유지할 수 있는 것이다. 이를 통해 우리는 열대우림의 기후와 식생을 만들어내는 데 수량이 풍부한 대하천이 큰 역할을 한다는 것을 확인할 수 있다. 앞에서 살펴보았던 아마존 열대우림도 이와 비슷한 자연지리적 조건을 갖추고 있다.

아프리카 열대우림은 의외의 지역에서도 발견된다. 남회귀선 상에 위치한 마다가스카르섬의 동쪽 해안이 그곳이다. 그린랜드, 뉴기니, 보르네오(칼리만단)의 뒤를 이어 세계에서 네 번째로 큰 섬인 이곳은 아프리카 대륙의 축소판이라 불릴 만큼 열대우림부터 사막에 이르기까지 다양한 자연환경이 동시에 펼쳐져 있는 흥미로운 여행지다. 마다가스카르섬을 남북 방향으로 관통하고 있는 높은 산지(중앙고지대Central Highlands)는 이 같은 다채로운 기후와 자연환경을 만들어내는 역할을 한다. 이 산지를 경계로 동쪽 인도양에 면한 해안을 따라서는 열대우림 기후가 좁고 길게 늘어져 있고, 서쪽 아프리카 대륙을 향한 지역에는 사막과 스텝 기후가 나타난다.

대기대순환에 따라 회귀선 안쪽 열대 지역에는 따뜻한 동풍(무역풍)이 연중 불어오는데, 이 바람이 인도양의 습기를 마다가스카르로 실어 나르고, 결국 산지에 부딪혀 동쪽 사면을 따라 비를 뿌리게 된다. 그리고는 건조해진 바람이 산맥의 정상 넘어 서쪽으로 계속 불어 내리기 때문에 반대쪽 사면을 따라서는 건조한 환경이 만들어지는 것이다. 이처럼 바람과 산맥이 만들어내는 독특한 자연현상을 '푄Föhn 현상'이라고 한다. 앞에서 보았던 에콰도르가 안데스산맥의 서쪽과 동쪽에 뚜렷하게 다른 기후를 보이는 것과 비슷한 원리다.

## 동부 아프리카와 서부 아프리카의 사바나 지역

비슷한 위도대의 서부 아프리카(기니만 연안)와 동부 아프리카(빅토리아호 동쪽)에는 콩고분지와는 달리 열대사바나 기후가 나타난다.

특히 세렝게티를 포함하는 동부 아프리카 일대는 드넓은 사바나 초원과 그 위에 서식하는 다양한 동물들 때문에 우리에게도 무척 익숙한 곳이다. 이곳은 바로 옆의 콩고분지 열대우림은 말할 것도 없고, 같은 열대사바나 기후대로 분류되는 서부 아프리카와도 자연경관에서 상당한 차이를 보이는데, 그 이유는 고도 때문이다. 동부 아프리카는 지각판이 벌어지면서 생긴 동아프리카 지구대가 홍해에서 모잠비크에 이르는 긴 거리를 가로질러 뻗어 있고, 따라서 그 주변지역이 전반적으로 고도가 높다. 활발한 지각운동의 결과 아프리카의 최고봉 킬리만자로산(5,895미터)이 솟아났고, 세렝게티 초원의 고도도

하늘에서 내려다본 킬리만자로산

1,500미터 내외에 이른다. 남위 3도에 위치한 킬리만자로산 정상에
는 지구온난화로 곧 사라지게 될 빙하가 아직 남아 있다.

　고도가 높아지면 기온은 낮아지는 법이고, 따라서 동부 아프리카
지역은 저위도의 열대 지역이지만 일 년 내내 우리의 봄철과 비슷한
날씨가 펼쳐지는 곳이 많다. 이를 '상춘 기후'라 한다. 서부 아프리카
와 비교했을 때 같은 열대사바나 기후에 속하지만 고도가 더 높아 분
명한 차이가 나타나는 것이다. 물론 건기와 우기가 뚜렷한 가운데 건
기가 4개월 이상 지속되기 때문에 키 큰 나무가 빽빽이 들어차지는
못한다. 넓은 초원 위에 듬성듬성 건기에 강한 나무들이 서 있는, 일
명 '소림장초'의 경관이 광활하게 펼쳐지는 이유다.

세렝게티 초원과 킬리만자로산

　이런 기후에서는 물이 부족한 건기를 어떻게 견디느냐가 가장 중요한 문제다. 만약 이를 극복할 수 있다면 이곳은 사람은 물론 동물들에게도 안성맞춤의 삶터가 될 수 있을 것이다. 뒤에서 살펴보겠지만 이 동부 아프리카에서는 이 문제가 해결될 수 있었고, 그래서 인류의 요람으로, 동물의 왕국으로 자리잡게 되었다.

# 열대여행 언제 가는 것이 좋을까?

'열대'라고 하면 흔히 무더위가 기승을 부리는 모습을 떠올리지만, 실제로는 세부 지역에 따라, 시기에 따라 상당히 다른 양상이 펼쳐진다. 특히 열대몬순 기후와 열대사바나 기후에서는 연중 높은 기온을 유지하더라도 시기에 따라 강수량에서는 분명한 차이를 보인다. 열대우림 기후에서도 기온과 강수량이 연중 높은 수준을 보이지만 시기별로 미세하게 차이가 있다. 그러니 여행지의 기후와 자연환경 정보를 미리 습득하는 작업은 여행 준비 단계에서는 필수이며, 취향에 맞는 여행 적기를 골라내는 데에도 도움이 될 것이다.

## 열대몬순 기후의 여행지라면?

열대몬순 기후는 계절풍의 영향을 크게 받는다. 연중 높은 기온을 유지하지만 계절에 따라 바람의 방향이 달라지면서 강수량에 큰 차이가 생긴다. 대체로 바다로부터 계절풍이 불어 두터운 구름과 잦은 강우가 형성되는 우기에는 미미한 수준이기는 해도 일조량이 감소하면서 기온이 떨어지곤 한다. 그리고 바로 그 직전, 즉 건기의 막바지가 연중 기온이 가장 높은 시기다.

## 인도 콜카타

인도의 동쪽 해안에 위치한 콜카타를 예로 들어보자. 열대 지역 내에서는 상대적으로 위도가 높은 북위 22도에 위치하므로 건기(11~4월) 때에는 기온이 섭씨 20도 정도로 제법 선선하고 건조한 날씨가 이어진다. 반면 우기(5~10월) 때에는 인도양에서 불어오는 계절풍의 영향으로 30도 내외의 무더운 날씨가 형성된다. 그런데 이 건기와 우기 사이 3~5월 동안에는 건기의 건조함이 유지되면서 기온은 30도를 웃도는 일년 중 가장 뜨거운 날씨가 펼쳐진다. 그래서 이곳에서는 건기와 우기에 간기를 더해 계절을 셋으로 나누기도 한다. 현지인은 물론 여행객에게도 가장 힘든 시기가 바로 이 간기 때이다.

## 인도네시아 자바섬

인도네시아어에도 봄Musim Semi, 여름Musim Panas, 가을Musim Gugur, 겨울Musim Dingin이라는 단어가 있긴 하다. 하지만 이는 관념적으로만 존재할 뿐 실제로 사용하는 계절 관련 용어는 건기Musim Kemarau와 우기

Musim Hujan뿐이다. 왜냐하면 토착의 기후환경이 그렇기 때문이다.

자바섬은 남반구에 속해 건기는 대체로 5~10월, 우기는 11~4월이다. 건기에는 비구름이 줄어들어 일조량이 많아지므로 미미한 수준이긴 하나 기온이 약간 높아진다. 내가 이곳을 여행한 것은 7월 하순, 건기 때였는데 낮에는 맑은 하늘에서 쏟아지는 햇살이 살갗을 따갑게 파고들었지만, 밤에는 열대가 맞나 싶을 정도로 제법 서늘한 기운이 감돌았다. 그리고 낮에도 그늘에 들어가면 선선함이 느껴졌는데, 그만큼 습도가 높지 않아서였다.

상대적으로 낮은 습도는 열대여행의 큰 걱정거리인 말라리아 같은 감염병의 위험도를 낮춰준다. 실제로 여행 기간 내내 나는 모기에 전혀 물리지 않았다. 현지인에게 물어보니 모기가 있기는 하지만 건기 때에는 거의 신경 쓸 필요가 없다고 했다. 물론 단점도 있기는 했다. 건기이기에 아주 심해진 먼지 폭탄을 온몸에 뒤집어쓰는 경험을 해야만 했다. 므라피 화산은 지형 특성상 미세한 입자의 화산회토로 뒤덮여 있어 지프차를 타고 둘러볼 때에는 자욱한 먼지로 시야가 흐려지거나 목구멍이 서걱서걱해지는 것은 물론, 황톳빛 먼지로 살갗을 온통 발라버린 느낌이 들 정도였다.

## 열대사바나 기후의 여행지라면?

열대사바나 기후대에 속한 동부 아프리카 일대에는 수많은 동물들의 서식지인 대규모 초원이 곳곳에 펼쳐져 있다. 아프리카 대륙 적도 주변의 지형을 살펴보면, 한가운데 콩고분지를 포함한 중/서부 아프리카와 그 동쪽의 동부 아프리카가 분명한 고도 차이를 보인다. 동부 아프리카는 전반적으로 고원지대를 이루고 있으며, 고도에 따라 열대에서 온대를 거쳐 냉대, 한대에 이르기까지 다양한 기후가 순차적으로 나타난다. 유명한 세렝게티-마사이마라 초원도 평균고도가 대략 1,000미터 이상으로 이 기후가 탁월하게 나타난다.

## 킬리만자로산과 아루샤

아루샤Arusha라는 도시는 남위 3도 부근의 고도 약 1,400미터에 위치한 도시로 세렝게티 초원과 킬리만자로산으로 향하는 여행자들이 이 집결하는 곳이다. 다음의 표는 이 도시의 월별 평균기온과 강수량을 보여준다. 먼저 기온을 보면 가장 추운 달이 14도, 가장 더운 달이 19도로 일년 내내 큰 차이 없이 평균 17도 내외를 유지하는 상춘 기후임을 알 수 있다. 저위도 열대 지역에 속해 있지만 고도가 높아 상대적으로 낮은 기온을 유지하는 것이다.

주목해야 할 것은 강수량의 계절 차다. 회귀선 안쪽 저위도 지역, 특히 해양의 영향을 크게 받지 않는 대륙의 안쪽에서는 적도수렴대가 남북으로 순회 이동하면서 건기와 우기가 두 번씩 나타나는 독특한 현상이 나타난다. 이를 통해 여행의 적기를 판단할 수 있다.

아루샤에서 연중 가장 많은 비가 내리는 때는 적도저압대에 편입

탄자니아 아루샤 마을 전경

되는 3~5월로, 대우기라 부른다. 이 시기에 연강수량의 거의 3분의 2 정도가 쏟아져 내린다. 이어서 6~10월은 강수량이 급감해 다 합해도 100밀리미터 정도에 불과한 대건기가 된다. 아열대 고압대에 가장 근접하는 시기다. 대우기와 대건기를 제외한 11~2월 기간 중에는 적당량의 비가 내리는데, 그 시기 동안에도 월별로 미묘한 차이가 있어 이를 소우기와 소건기로 세분한다.

그렇다면 킬리만자로산에 오르려는 여행객에게 적당한 시기는 언제일까? 아마도 건기가 펼쳐져 맑은 하늘을 만끽할 수 있는 1~2월, 6~10월이 될 것이다. 특히 대건기에 해당하는 6~10월에는 이곳이 남반구에 속해 상대적으로 더 선선한 기온을 보이기에 체력소모가 많은 고봉 등정에 가장 적합하다. 하지만 이때는 중위도 선진국의

아루샤의 월별 평균기온/강수량과 계절 구분

| 월 | 1 | 2 | 3 | 4 | 5 | 6 | 7 | 8 | 9 | 10 | 11 | 12 | 평균/총합 |
|---|---|---|---|---|---|---|---|---|---|---|---|---|---|
| 기온 (°C) | 19 | 19 | 19 | 19 | 16 | 14 | 14 | 15 | 16 | 18 | 18 | 18 | 17(평균) |
| 강수량 (mm) | 50 | 80 | 170 | 360 | 210 | 30 | 10 | 10 | 20 | 30 | 110 | 100 | 1,180(합) |
| 계절 구분 | 소건기 | | 대우기 | | | 대건기 | | | | | 소우기 | | |

여름 휴가철과 겹치는 시기이므로 많은 인파와 비싼 비용을 감수해야 한다. 만약 이러한 단점을 피하고자 한다면 소건기의 1~2월도 괜찮은 시기다.


## 세렝게티

이번에는 동물의 왕국, 세렝게티로 들어가보자. 만약 '지상 최대의 쇼'라 불리는 누우 떼를 비롯한 초식동물의 우렁찬 대이동을 보고 싶다면 언제 어디로 가는 것이 좋을까?

세렝게티 초원은 탄자니아에 속해 있으며, 북쪽 국경 너머 케냐의 마사이 마라Masai Mara 자연보존지구와 연결되어 있다. 대부분 남반구에 속해 있는 이곳의 우기는 대략 11월부터 5월, 건기는 5월부터 10월까지 이어진다. 그런데 세렝게티 초원 지역 내에서도 1년 총강수량은 남부(약 900밀리미터)와 북부(약 1,400밀리미터) 간에 차이가 있다. 또한 세부 지역에 따라 건기와 우기가 상대적으로 뒤바뀌어 나타난다. 다시 말해 세렝게티의 남부 지역에는 우기(11~5월) 동안 충분한 비(약

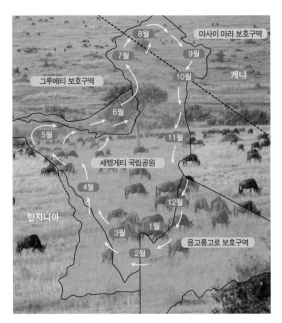

세렝게티의 누우 떼 이동

700밀리미터)가 내려 초원의 상태가 양호해지지만, 건기(5~10월)에는
적은 비(약 300밀리미터)가 내려 초원의 상태는 빈약해진다. 한편 세렝
게티의 북쪽, 케냐의 영토인 마사이 마라 지역은 적도에 근접해(남위
1~0도) 우기의 강수량(800밀리미터)과 건기의 강수량(600밀리미터) 차이
가 상대적으로 적은 편이다. 즉 건기이긴 해도 대규모 초식동물이 머
물기에 충분할 정도로 양호한 초원이 펼쳐져 있다. 이러한 계절적 특
성에 따라 달라지는 초원의 상태는 1년을 주기로 한 초식동물의 대
규모 이동의 원인이 된다.

　그렇다면 언제 어디로 가야 할지가 분명해진다. 건기와 우기가 바

뛰는 시기, 그러니까 대체로 10~11월과 6~7월이 대이동의 장관을 볼 수 있는 적기다. 11월에는 세렝게티 동쪽 지역으로, 6월에는 서쪽 빅토리아호 가까운 곳(마라강 일대)으로 가면 대규모로 이동하는 누우 떼 이동의 장엄한 광경을 목도할 수 있다. 물론 이동을 멈추고 안정된 상태에서 한가로이 풀을 뜯는 모습과 신비로운 생명체 탄생의 순간을 보고 싶다면 세렝게티의 우기 때에는 남부 지역을, 건기 때에는 북부 지역을 방문하면 좋을 것이다.

특정 기후의 여행 적기를 일괄적으로 규정 짓는 것은 어려운 일이다. 기후 이외의 자연환경 요인이나 여행자 개인의 취향 등도 여행 적기를 판단하는 변수로 작용하기 때문이다. 예를 들면 마른 하늘보다 비오는 날씨를 더 좋아하는 여행자에게는 건기가 오히려 불편할 수 있다. 하지만 확실한 것은 모든 장소는 어떤 시기이건 색다른 모습을 자아내며 연속적인 다채로운 변화의 한 순간을 제공해줄 것이라는 점이다.

# 2.

# 열대의 자연은
# 아름답고 풍요롭다

# 제1장

# 생명의 보고 열대우림의 깊은 아름다움에 취하다

## 보르네오섬

열대여행 최고의 볼거리는 단연 열대우림이다. 열대우림은 흔히 정글이라 불리는 열대 지역의 울창한 숲을 말한다. 바닥을 뒤덮은 초록의 음습한 이끼류부터 커다란 잎을 드리우며 하늘 높이 치솟아 있는 장대한 나무에 이르기까지 여러 층위의 다양한 식물이 두텁고 광활하게 펼쳐져 있다. 하늘에서 내려다보면 마치 큰 바다처럼 웅장하다.

아울러 그 속에서 삶을 꾸려가고 있는 형형색색의 동물들은 진귀하고도 신비로운 기운을 뿜어낸다. 지구 육지 면적의 약 8퍼센트에 불과한 이 숲에 지구 전체 생명종의 절반 이상이 살아가고 있다. '생물 다양성의 보고'라는 표현이 빈말이 아니다. 또한 열대우림은 지구의 산소 절반 정도를 공급함으로써 지구의 허파라고도 불린다.

그럼 이제 지도에서 가장 규모가 큰 열대우림을 찾아보자. 적도가 지나가는 대륙에서 하나씩 찾아볼 수 있는데 남아메리카의 아마존 저지대(흔히 셀바스selvas라고 한다), 아프리카의 콩고분지, 동남아시아의 보르네오(칼리만탄)섬이 그것이다. 이를 흔히 세계 3대 열대우림이라고 한다. 이 중에서 가장 유명한 것은 아마존강을 끼고 가장 넓은 면적에 걸쳐 연속적으로 분포하고 있는 아마존 열대우림이다. 콩고분지도 콩고강의 장엄한 물줄기와 더불어 신비로운 자연의 대명사처럼 간혹 매스컴이나 다큐멘터리 프로그램에 등장한다. 특히 열대우림의 보존

아마존 열대우림의 하천변 가옥

상태가 상대적으로 양호해 아마존과 비교되곤 한다.


## 우리나라에서 가장 가까운
## 열대우림

아마존이나 콩고분지에 비하면 보르네오섬의 열대우림은 별로 주목받지 못하고 있다. 상대적으로 더 많이 파괴되었기 때문이다. 이 섬에는 말레이시아, 인도네시아, 브루나이 등 세 개 국가가 있는데, 특히 해안지역에는 열대우림이 제거되고 그 위에 여러 도시가 들어서 있다. 그나마 내륙으로 들어가면 온전한 모습의 열대우림이 남아 있지만 이마저도 강줄기를 따라 벌목과 농지 개간이 진행됨에 따라 계

보르네오섬의 세 나라: 인도네시아, 말레이시아, 브루나이

속해서 흉측하게 뜯겨나가고 있는 상태다. 사실 '보르네오Borneo'라는 이름은 우리에게도 그리 낯설지 않은데 이 이름을 딴 가구 회사가 오랫동안 업계의 선두주자로 군림해왔기 때문이다. 가구회사의 이름으로 쓰일 정도로 질 좋은 원목이 많이 생산되지만 그에 비례해 열대우림은 줄어들고 있다.

열대의 다양한 지역 중 이 섬을 먼저 살펴보는 또 다른 이유는 이름이 낯설지 않은 것 외에도 우리나라에서 가장 가까운 열대우림이기 때문이다. 열대우림의 자연경관을 감상하기 위해 멀리 아마존이나 콩고분지를 여행하는 것은 시간과 비용 면에서 부담스럽다. 하지만 한국에서 보르네오섬으로 들어가는 관문인 말레이시아 코타키나발루까지는 한국에서 직항편으로 5시간 남짓밖에 걸리지 않는다. 이 도시에서 조금만 내륙으로 들어가면 열대우림의 비경과 여러 열대

원주민 부족을 만날 수 있고 동남아시아의 최고봉 키나발루산을 만나는 즐거움도 누릴 수 있다.

## 보트를 타고 감상하는
## 맹그로브

코타키나발루는 섬의 북쪽 해안에 위치해 있다. 이 도시는 말레이시아 사바주의 주도로서 오늘날 시내에서 온전한 모습의 열대우림을 보기는 어렵다. 곳곳에 공원 형태로 일부 남아 있거나 강 또는 바다와 만나는 곳에 펼쳐진 작은 숲을 통해 열대우림의 모습을 조금 짐작해볼 수 있을 뿐이다. 이 도시에서 여행자들은 주로 해안에 개발된 리조트 호텔에서 물놀이를 즐기거나 시내 곳곳에 흩어져 있는 문화 경관을 방문하는 일정을 보낸다. 특히 핑크 모스크(사바대학교 모스크)와 블루 모스크(코타키나발루 시립 모스크)는 인증샷을 남기려는 여행객으로 북적이는 관광 명소다.

　하지만 열대우림을 제대로 경험하는 것이 여행의 목적이라면 우선 시내에서 빠져나와 맹그로브mangrove를 둘러보아야 한다. 맹그로브는 우리나라에는 없는 열대의 독특한 생태계다. 열대우림이 강이나 바다와 만나는 끝자락에 짠물에서도 잘 자라는 독특한 모양의 식물들이 숲을 이룬 것으로, 물의 높이에 따라 뿌리가 잠기기도 하고 노출되기도 한다.

맹그로브(코타키나발루)

저위도 열대에서만 볼 수 있는 이 경관에 주목해야 하는 이유는 그 모양 자체가 대단히 이색적일 뿐 아니라 건강한 생태계를 유지하는 데 큰 역할을 하기 때문이다. 열대의 바다와 강의 수질을 정화하고 해일의 피해로부터 연안의 주민들을 보호하는 등 중요한 역할을 한다. 그러나 최근 들어 연료로 사용하기 위해, 혹은 새우 양식장을 조성하기 위해 벌채되는 면적이 늘어나 환경문제가 심각해지고 있다.

맹그로브를 보려면 보트 투어를 이용해야 하는데, 걸쭉한 검은색 강물을 헤치며 상류로 올라가며 진행된다. 보트 엔진이 작동하며 뿜어내는 매캐한 연기를 잠시 견디다 보면, 맹그로브 줄기와 뿌리가 마치 수많은 뱀장어들이 우글거리는 것처럼 뒤엉켜 힘찬 생명력을 드러내는 장관을 볼 수 있다. 그 너머로는 열대우림이 울창하게 들어차 있고, 귀를 세우고 집중해 들으면 엔진 소리 너머로 다양한 동물들의 소리가 오묘하게 들려온다. 이곳은 다양한 생명체의 요람과도 같은 곳이다.

해가 지면 같은 곳에서 반딧불 투어도 가능하다. 가느다랗게 발산하는 반딧불의 불빛은 하얀 점들이 되어 검은 허공을 부유한다. 그 모습을 조용히 감상할 수 있었다면 참 좋았겠지만 함께 보트를 타고 있던 사람들이 저마다 감탄사를 시끄럽게 쏟아냈다. 현지인 가이드의 어눌한 한국어 설명은 대부분 쓸데없는 농담이었다. 1분이라도 엔진을 끄고 눈과 귀만 열어둔 채 열대의 소리와 광경을 조용히 감상할 수 있다면 얼마나 좋았을까? 내내 아쉬움이 남았다.

## 하늘에서 내려다본
## 보르네오의 열대우림

보트 위에서 잠시 고개를 들어 맹그로브 너머로 하늘을 향해 솟아 있는 열대우림을 올려다보았다. 인간의 분탕질마저도 내리누르며 묵직하게 견뎌내고 있는 듯한 모습이었다. 그것을 바라보고 있으려니 마음이 꽤나 서늘해졌다. 그렇다면 하늘에서 내려다보는 열대우림은 어떨까?

코타키나발루에서 브루나이의 수도 반다르스리브가완<sup>Bandar Seri</sup> Begawan으로 가는 비행기에서 내려다본 보르네오의 열대우림은 폭신

공중에서 내려다본 보르네오섬의 열대우림

한 카펫이 떠오를 만큼 넓고 아늑해 보였다.* 광활한 열대우림을 부
드러운 곡선으로 파고든 크고 작은 하천들의 물줄기가 태평양으로
그 생명의 물을 토해냈다. 도시와 마을도 간간이 보였는데 모두 강가
와 바닷가에 둥지를 틀고 있었다. 그런데 내륙 곳곳에서 초록이 도려
내지고 그 위로 연기가 피어올라 바람에 따라 퍼져가는 광경이 눈에
들어왔다. 불을 질러 숲을 없애고 있었다.

　보로네오의 열대우림처럼 빽빽하게 생명체가 들어차기 위해서는

---

＊　브루나이의 영토는 하나로 연결되어 있지 않고 말레이시아 영토를 사이에 두고 두 개로 분리
　　되어 있다. 그 하나는 수도가 위치한 본토이고, 다른 하나는 동쪽에 위치한 '템부롱Temburong'
　　이다. 이런 영토를 월경지exclave라고 한다. 템부롱 지역은 우리에게는 거의 알려져 있지 않
　　지만 열대우림이 원형 그대로 보존되어 있는 생태관광의 명소다. 다양한 프로그램을 효과적으
　　로 운영하고 있어 열대의 자연을 온전하게 경험하기에 아주 좋은 곳이다.

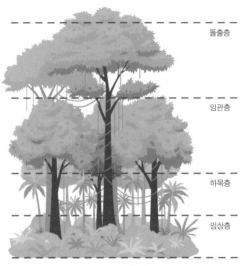

열대우림의 층상 구조

많은 열에너지와 충분한 수분이 공급되어야 한다. 그래서 이 같은 열대우림은 회귀선 안쪽 저위도 지역의 열대우림 기후와 열대몬순 기후에 주로 형성되어 있다. 그런데 수분 공급처가 되는 바다와 큰 강을 끼고 있는 경우에는 회귀선 바깥 지역까지 확장되기도 한다.

보통 열대우림의 숲은 15센티미터 이하 땅바닥에 이끼 같은 식물과 죽은 동식물의 잔해로 구성된 임상층forest floor, 그 위로 5미터 이하 높이에 풀(초본)과 키 작은 나무들(관목)로 뒤덮여 있는 하목층understory layer, 그 위로 5미터 이상의 굵은 몸통을 갖고 있는 나무들(교목)이 들어차 숲의 지붕을 이루는 임관층canopy layer, 그리고 더 큰 나무들이 임관층 위로 솟아 있는 돌출층emergent layer으로 두텁게 이루어져 있다. 이 중에서 돌출층은 열대우림에만 존재하는데, 예를 들어 보르네오 열대우림에 서식하는 옐로우 메란티라는 나무는 키가 100미터도 넘는다. 즉 이곳 열대우림의 두께는 100미터가 넘는다는 뜻이다.

하늘에서 내려다보면 넓은 잎들이 펼쳐져 지붕을 이루는 임관층과 돌출층만 보이지만, 그 아래쪽에는 두터운 식생이 빽빽하게 들어차 있다. 깊다는 표현이 어울리는 이 하단부는 위쪽의 다양한 활엽수에 빛이 차단되어 어두운 심연의 무시무시한 모습을 하고 있다.


## '초록빛 지옥' 속
## 신비로운 생명들

열대우림에는 각 층위별로 다양한 동물이 살고 있다. 모든 층위를 넘나드는 조류와 곤충류 동물들이 연주해내는 오묘한 소리는 숲속의 오케스트라다. 하목층 아래 가장 낮은 곳에는 각종 파충류와 양서류, 그리고 대형 고양잇과의 맹수들과 오랑우탄, 침팬지 등 유인원이 어둡고 습한 숲속을 어슬렁댄다. 유인원 동물들이 긴 팔을 휘저으며 나무 사이를 오가는 모습은 영화나 텔레비전에서 본 것과는 비교도 할 수 없을 정도로 놀랍고 신비롭기까지 하다. 강 주변은 또 어떠한가? 희귀한 모습의 물고기와 악어, 거북이 등이 만들어내는 열대의 태양 아래 끈적한 윤슬은 으스스한 경이로움을 자아낸다.

이처럼 열대우림의 깊숙한 안쪽은 수많은 동물들의 보금자리지만 인간 삶의 터전으로는 결코 적합하지 않은 거칠고 사나운 환경이다.

보르네오의 말레이시아-인도네시아 국경 열대우림

우리가 매스컴을 통해 가끔 보는 열대우림의 토착 원주민조차도 이곳에 살지 않는다. 그들 대부분은 열대우림을 가로지르는 강 주변 또는 외곽의 사바나 지역과의 경계에 거주한다. 그만큼 열대우림의 깊은 안쪽은 인간의 접근을 허용치 않는 '초록빛 지옥', '녹색 사막'이다. 마이크 혼이 『적도일주』에서 설명한 열대에 관한 대목을 들여다보자.

  "'초록빛 지옥'이라는 표현은 공연히 만들어진 것이 아니다. 특히 밤이 되면 정글은 무시무시해진다. 나를 둘러싼 무한에 가까운 초록의 광막함, 온갖 식물과 득시글거리는 동물, 수많은 포식자와 무수한 곤충을 제대로 의식하면 나는 미칠지도 모른다. 지금은 왜 정글에서 길을 잃은 사람이 이성을 잃는지 이해된다. 왜 아무도 정글에 살지 않는지도 이해된다. 인간은 절대로 정글에 적응하지 못한다. 인간은 들판이나 초원같이 탁 트인 장소에 살아야 한다. 하다못해 사막에라도 말이다. 정글 속을 편안하게 느끼려면 원숭이나 뱀이나 맹수나 새가 되어야 한다. 바다 밑을 제외하면 이만큼 인간에게 적대적인 환경은 없다. 물론 드물게 정글 속에 사는 부족도 있지만, 탁 트인 공간에 거주하면서 사실상 그곳을 떠나지 않는다. 정글 속에는 기적이 없다. 인간이 정글을 자연스러운 주거지로 삼을 만큼 적응하는 것은 불가능하다. 정글은 절대적인 불편을 상징한다."[8]

마이크 혼이 설명한 것처럼 열대우림 속은 사람이 살기에 적합하지 않은, 아예 접근조차 무척 어려운 사나운 환경이다. 반면에 같은 이유로 정치적인 반군들이 명맥을 유지하며 재기를 모색하는 장소로는 안성맞춤인 장소이기도 하다. 예를 들어 멕시코 남부 과테말라 접경지의 열대우림 라칸돈 정글Lacandon Jungle에서는 한때 멕시코 정부를 위협하며 멕시코 원주민 자치운동에 주도적 역할을 한 치아파스 반군이 여전히 진을 치고 활동하고 있다.

## 보르네오 열대우림을 만들어내는
## 독특한 지형

보르네오 열대우림은 지형적으로도 독특한 특성 위에 펼쳐져 있어 여행의 재미를 높여준다. 아마존과 콩고분지의 열대우림은 매우 광활하고 평탄한 지형 위를 도도하게 흐르는 아마존강과 콩고강의 물줄기를 따라 형성되어 있다. 고도차가 그다지 크지 않은 평원 위에서 수많은 강줄기가 뻗어내려 결국 이 두 개의 강으로 합류하는데, 그 위에 열대우림이 빽빽하게 들어차 있다. 아마존의 평균고도는 100미터 이하에 불과하며 콩고분지도 300미터를 넘지 않는다.

이에 비해 보르네오는 섬의 중앙에는 고도 1,000미터가 넘는 수많은 산들이 말레이시아와 인도네시아 국경을 따라 산맥을 형성하며 밀도 높게 자리 잡고 있다. 2,000미터 넘는 봉우리도 제법 많다. 동남아시아 최고봉인 키나발루산은 고도가 무려 4,095미터에 이른다. 따라서 물줄기의 흐름이 아마존이나 콩고분지처럼 하나의 강으로 모두 모이는 것이 아니라, 가운데 높은 산들로부터 발원한 수많은 강들이 사방으로 흩어져 고도를 낮추며 바다로 흘러 나가는 모습을 보인다. 물론 해안지역은 해수면과 비슷한 저지대를 이루지만 말이다.

이처럼 상대적으로 험준한 지형 위에 물줄기는 사방으로 흩어져 있고, 개발 작업으로 적지 않은 곳이 무분별하게 뜯겨져 나간 오늘날의 보르네오 열대우림의 상황은 조화로운 자연의 위대함과 더불어 인간 탐욕의 비루함을 동시에 보여준다. 다시 마이크 혼의 『적도일주』를 살펴보자. 그는 세계의 열대우림 중 이곳이 관통하기가 가장 힘든 곳이었다고 다음과 같이 적었다.

"커다란 섬(보르네오)에는 곳곳으로 길이 나 있다. 목재를 판매하는 다국적 기업에서 숲속으로 낸 길이다. 이런 도로들은 대부분 지도에 나와 있지도 않다. 개인 차량이 아니라 트럭이나 캐터필러가 지나

다니게 만든 '비공식' 도로들이다. 유감스럽게도 이 도로들은 인간의 탐욕과 이기주의가 생태계에, 마지막 오랑우탄의 은신처에 어떤 악영향을 미칠 수 있는지 여실히 보여준다. 마구잡이 벌채로 인한 피해뿐 아니라 지난 30년 동안 화재가 빈번해 처녀림의 상당 부분이 파괴되었다. 그러므로 내가 들어서는 숲은 반세기 전까지 유지되던 낙원과는 사뭇 달랐다. … (중략) … 문제의 길은 아스팔트가 깔린 도로가 아니라 자연 상태로 방치된 비포장도로였다. 게다가 비가 쉬지 않고 억수같이 쏟아져 길들은 완전히 늪이 되고 말았다."[9]

열대우림의 파괴는 전 세계적으로 보았을 때 동남아시아 지역에서 가장 심하게 진행됐다. 다른 열대에 비해 상대적으로 인구밀도가 높은 것이 그 이유다. 식량 생산을 위한 농경지 조성을 위해, 연료를 확보하기 위해, 그리고 최근에는 글로벌 시장에 수출할 열대작물을 생산하기 위해 열대우림이 빠른 속도로 잘려나가고 있다. 이 같은 열대우림 제거는 그곳을 서식처로 삼고 있는 오랑우탄, 코끼리 같은 열대동물의 생존을 위협하는 직격탄이기도 하다.


## 즐겁고도 애잔한
## 오랑우탄과의 만남

오랑우탄이 처한 안타까운 현실은 열대우림 파괴가 동물들의 멸종 위기를 불러오고 있음을 상징적으로 보여주는 대표적인 사례다. 오랑우탄은 전 세계적으로 보르네오와 수마트라에만 서식하는 유인원이다. 나는 그들의 삶터인 열대우림이 가장 빠르게 제거되고 있는 보르네오에서 그들을 직접 만날 기회를 가졌다. 쿠칭Kuching이라는 도시에서였다.

쿠칭은 말레이시아 사라와크주의 주도로서 인구 60만 명의 비교적 큰 도시다. 보르네오의 전통과 현대 문화를 잘 볼 수 있고, 무엇보다 열대우림과 오랑우탄을 직접 경험할 수 있으며, 보르네오 해안의 아름다운 리조트들을 갖고 있다는 점 때문에 말레이시아에서는 꽤나 유명한 관광지다.

쿠칭 시내에서 남쪽으로 약 30분을 달리면 오랑우탄 보호구역에 도착한다. 시가지 구간이 갑자기 끝나고 초록의 숲이 시작되는 지점에서 조금 더 들어가면 보호구역 입구가 나타나는데, 이곳의 정식 명칭은 '세멩고 야생재활센터Semenggoh Wildlife Rehabilitation Center'다. 즉 밀렵으로 팔려나갔다가 구조된 오랑우탄을 다시 야생에 적응할 수 있도록 훈련시켜 열대우림으로 돌려보내는 일을 하는 곳이다.

이곳에서는 9시로 예정된 먹이 제공 시간에 운이 좋으면 오랑우탄의 모습을 볼 수 있다. 안내자를 따라 열대우림 속을 짧게 트레킹해 오랑우탄 출몰 포인트에 도착했다. 기다림의 시간은 지루하지 않았다. 진득하게 정글을 채우는 일정한 톤의 벌레 소리와 새 소리가 실바람에 흔들리는 나뭇잎 소리와 함께 귓속을 채워주었다. 그렇게 한참이 지났을 때 늘어진 나무줄기를 타고 오랑우탄이 우아하게 모

보르네오 열대우림에서 만난 오랑우탄

습을 드러냈다! 재활을 마치고 정글로 방사되었으나 혼자서 먹이를 구하지 못한, 혹은 사람이 주는 편리한 먹이가 생각나 잠시 돌아온 가련한 친구들이었다.

길게 늘어진 주황빛 털로 뒤덮인 오랑우탄이 모습을 드러내는 순간 사람들의 얼굴 표정이 크게 요동쳤다. 소리를 질러서는 안 되므로 대신 눈을 동그랗게 뜨고 환호했다. 말레이어로 '숲속 사람'이라는 뜻을 지닌 '오랑우탄'이라는 표현이 딱 맞아떨어졌다. 나무 위에서 살아가는 영장류 오랑우탄과 나무 아래 땅에서 살아가는 영장류 인간이 그 중간쯤에 마련해놓은 만남의 공간에서 조우하는 순간이었다. 그 만남을 이끄는 센터의 나이 든 직원은 그들만의 음성과 몸짓으로 노련하게 교감했다. 가식 없는 날것 그대로의 표정과 행동은

누가 봐도 꽤나 오랫동안 함께해온 친구처럼 보였다. 도시와 자연의 경계지점에서 서로의 삶을 응원하는 정겨운 교감이 이루어지는 곳에서는 여행자의 시선도 따뜻해질 수밖에 없었다.


## 연기가 되어 사라져가는 열대우림

열대우림 파괴는 오랑우탄의 삶은 물론이고 우리 인간의 삶도 위협하는 지경에 이르렀다. 열대의 인구밀도가 증가하면서 현지 주민들의 식량 재배를 위한 농지의 수요도 증가했다. 그것만으로는 그런대로 괜찮았다. 그런데 열대우림의 자연환경만이 키워낼 수 있는 기름야자 같은 독특한 작물들에 대한 수요가 전 세계적으로 급증하면서 열대우림이 전례없는 속도로 제거되고 있다. 그렇다면 열대 현지 주민들의 삶은 더 나아졌을까? 경제적 소득은 일정 부분 향상되었을 것이다. 그러나 그게 전부는 아니다. 환경 파괴의 결과로 발생한 다른 문제들로 상황은 오히려 점점 더 심각해지고 있다.


### 열대우림을 기름야자와 맞바꾸다

보르네오(칼리만탄)를 여행하다 보면 열대우림이 불태워지며 만들어내는 뿌연 연기를 곳곳에서 마주하게 된다. 특히 인도네시아 쪽이 심

칼리만탄(인도네시아)의 기름야자 농장

각하다. 열대우림 자연환경 덕에 말레이시아와 인도네시아는 세계 기름야자 총생산량의 1, 2위를 차지하고 있는데 이것도 모자라 새로운 기름야자 농장을 위해 열대우림이 계속 불태워지고 있다.

　사실 열대우림에 불을 놓아 농사를 짓는 것은 이곳 주민들의 전통적인 삶의 방식이었다. 토양이 척박하기 때문에 열대우림을 불태워 그 생명체의 유기물을 토양이 흡수하게 하고, 그 지력을 이용해 단기간 농사를 짓는 일종의 이동식 경작 방식이다. 하지만 열대우림의 빠른 회복력의 범위 내에서 감당 가능한 수준으로 작은 규모였기에 지속가능성이 훼손되는 일은 거의 없었다. 그러나 지금과 같은 대규모 기름야자 농장의 확산은 열대우림 훼손을 돌이킬 수 없는 지경으로 몰아가고 있다.

기름야자 농장으로 잠식되어가는 보르네오(말레이시아)의 열대우림

현지어로 '아삽asap'이라 불리는 이 연무(연기 안개)는 건기가 끝나갈 무렵인 8~10월에 가장 심해진다. 때로는 멀리 바다 건너 대륙쪽 동남아시아까지 퍼져나가 사람들의 건강을 해치곤 한다. 인도네시아의 농촌지역 곳곳을 깊숙이 여행한 사진작가 김무환은 『발리보다 인도네시아』에서 연무의 폐해를 다음과 같이 적고 있다.

"스모그라 하면 공장지대나 과밀한 대도시를 떠올리기 마련인데 어찌된 일인지 도시에서 산골로 들어갈수록 연무 농도는 짙어졌다. 사마린다에 머물 때만 해도 간지러운 코를 문지르며 사진 선명도를 떨어뜨리는 뿌연 공기를 원망하는 수준이었는데, 날이 갈수록 점점

기름야자 농장을 위해 불태워진 칼리만탄(인도네시아)의 열대우림

숨쉬기 곤란해지고 천식에 눈병이라도 날 지경에 처했다. 산림자원 부국이라는 인도네시아, 그중에서도 열대우림을 가장 잘 보존하고 있다고 알려진 깔리만딴과 수마트라, 어느 곳보다 청정한 공기를 자랑할 것 같은 지역에서 주민들은 도리어 건기만 되면 호흡기 질환에 시달린다. 학교는 단축 수업에 들어가거나 휴교령이 내려지고 항공기 연착과 결항이 밥 먹듯이 발생한다. 연기가 말레이시아와 싱가포르, 멀리 태국이나 필리핀까지 날아가 대기를 오염시키는 바람에 인도네시아 정부에 항의하는 소동이 벌어진다. 날이 풀리는 봄이면 중국 내륙에서 불어온 황사와 미세먼지가 한반도 상공을 희뿌옇게 뒤덮어 마스크를 쓰지 않으면 외출이 어려워지는 일이 우리에게도 일어나기는

하지만 이에 비하면 약과라 할 만하다."[10]

보르네오 열대우림 소실에 따른 재해는 호흡기 질환을 일으키는 연무 수준으로 끝나지 않는다. 보르네오의 열대 토양은 열대우림 아래에 식생이 부식되어 쌓인 두터운 이탄층으로 구성되어 있다. 흙속에 식물의 썩은 잔해가 대거 포함되어 엄청난 양의 탄소를 품고 있는 것이다. 따라서 만약 소규모일지라도 농경지 개발을 위해 섣불리 불을 지른다면 대형 산불로 확대되어 오랜 기간 지속될 수도 있다. 그러다 토층에 남아 있는 불씨가 완전히 제거되지 않고 여러 날이 지나도 살아 있다가 다시 타오르면 이때 대량의 탄소 성분이 대기 중으로 유입되어 결국 지구온난화로 이어진다.

## 하늘 위로 피어오르는 연기 속에 감춰진 진실

이처럼 문제가 심각한데도 왜 열대우림의 파괴는 계속되는 걸까? 세계적으로 기름야자 열매에서 추출되는 팜유에 대한 수요가 크게 증가하는 가운데 현지인들이 그 수요에 부응하며 소득을 향상시키기 위한 과정의 결과라고 볼 수도 있겠다. 그런데 좀더 깊게 생각해봐야 한다. 과연 이 작물에서 추출되는 팜유의 주요 소비자, 즉 우리 같은 중위도 선진국 사람들을 빼놓고 이 문제를 이야기할 수 있을까?

기름야자에서 추출하는 팜유는 가정집의 식용유로 직접 사용되기도 하며, 라면과 과자 등 튀김류의 가공식품에도 빠짐없이 들어간다. 그뿐만 아니라 화장품이나 세제와 샴푸 등에도 필수로 들어가는 원료다. 최근에는 바이오디젤 연료로까지 개발되어 미래 에너지원으로 사용처가 확대되고 있다. 이처럼 우리의 실생활에서 떼려야 뗄 수 없는 원료가 되어버린 팜유의 수요가 전 세계적으로 늘어가고, 이에 따라 최적의 생장조건을 가지고 있는 동남아시아의 열대우림이 불태워지고 그 자리에 대규모 농장이 들어서고 있다.

생명의 보고인 열대우림이 개발로 인해 축소되고 고립되면서 생물 다양성은 전례 없는 위기를 맞고 있다. 앞서 보았던 쿠칭의 야생 재활센터에서 오랑우탄의 출몰을 숨죽이며 지켜보는 것은 참으로 가슴서늘한 일이 아닐 수 없다. 수마트라의 고립된 열대우림에서 코끼리 떼가 먹을 것을 찾아 그 바깥의 농장에 출몰해 쑥대밭으로 만들어놓는 장면은 생존을 위한 그들의 몸부림이다.

결국 열대우림이 제거되는 이유가 우리의 일상생활과 연결되어 있다는 엄연한 사실에 비추어본다면, 바로 우리가 열대우림을 갉아 먹고 있다고 해도 과언이 아닐 정도로 그 연결고리는 질기다. 웅장하고 아름다운 열대의 자연환경, 그것을 보러 가는 길에 개발로 훼손되고 있는 심각한 지구촌의 문제 또한 어쩔 수 없이 맞닥뜨리게 된다. 열대여행은 그렇게 우리를 즐겁고도 우울하게 만든다.

제2장

·

# 대하천이 품은 진귀한 것들에 마음을 빼앗기다

·

아마존

거대한 열대우림은 대개 그 안쪽 깊은 구석구석을 혈관처럼 연결하는 대하천과 세트를 이루곤 한다. 아마존강과 콩고강이 그렇다. 수많은 지류가 열대우림을 적시면서 서서히 본류로 모여들고, 본류의 장엄한 물줄기는 바다를 향해 밀고 나간다. 물론 이와 다른 양상을 띠는 곳도 있다. 앞서 살펴본 보르네오섬은 한가운데의 고도가 높아 물길이 모여드는 것이 아니라 사방으로 흩어져 열대우림 곳곳을 구불구불 헤집으며 돌아 나가 제각각 바다와 만난다.

어찌 되었든 열대의 하천은 다른 기후대의 하천과 비교했을 때 수량 면에서 압도적이다. 열대의 습한 공기가 모여 풍성하게 토해내는 비는 열대우림의 식생으로 스펀지처럼 빨려 들어간다. 때로는 그 스펀지 전체가 물속으로 가라앉기도 한다. 땅과 물의 경계가 늘 바뀌는 가운데 열대의 대하천은 결코 마르는 법이 없다.

세계의 대하천을 이야기할 때 흔히 길이를 중요하게 여기는 경우가 많다. 나일강(6,650km)*이 가장 길고, 아마존강(6,450km)이 그 다음

---

\* 나일강은 사하라 사막을 관통하는데도 어떻게 물줄기가 마르지 않고 충분한 수량을 유지할 수 있을까? 기원지와 상류로 거슬러 올라가면 그 답을 찾을 수 있다. 빅토리아호수에서 발원하는 백나일강과 에티오피아 고원에서 발원하는 청나일강은 수단에서 합류하는데, 이 상류 지역은 기후대가 다르다. 특히 빅토리아호수 일대는 열대우림 기후와 사바나 기후가 펼쳐져

아마존강과 아마존 저지대

이라고 한다. 그런데 우리가 열대의 하천에서 길이보다 더 주목해야 할 것은 유량과 유역면적이다. 열대우림을 관류하는 아마존강은 나일강과 비교했을 때 길이는 조금 짧으나 유량과 유역면적 면에서는 압도적이다. 아마존강(약 7,000,000km²)은 나일강(약 3,250,000km²)의 두 배가 넘는 유역면적을 갖고 있으며, 평균 유량도 아마존강(209,000m³/s)이 나일강(2,800m³/s)에 비해 70배 이상 많다. 전 세계적으로 유역면적이 두 번째로 큰 강은 아프리카 열대우림의 콩고강이고, 유량이 두 번째로 많은 강은 열대의 뱅골만으로 유입되는 브라마푸트라강이

있다. 즉 나일강의 상류는 풍부한 수분을 갖추고 있어 중/하류의 사막으로 충분한 수량을 지속적으로 공급할 수 있다. 이런 하천을 외래하천이라 한다. 나일강 하류에서 이집트 문명이 꽃을 피울 수 있었던 것도 풍부한 수량을 통해 상류로부터 비옥한 토사를 계속 공급받을 수 있었기 때문이다.

홍수로 물에 잠긴 아마존(브라질 마나우스)

다. 이 같은 수치들만 보아도 열대의 하천들이 얼마나 장엄한 규모인
지를 짐작할 수 있다.


## 아마존 열대우림으로
## 들어가는 두 가지 길


아마존을 여행한다면 당연히 브라질로 가야 한다고 생각하는 사람
들이 많을 것이다. 하지만 아마존강의 지류들은 서쪽의 안데스산맥,
북쪽의 기아나 고원, 남쪽의 브라질 고원 등 세 방향의 산지로부터
기원한다. 즉 안데스산맥을 끼고 있는 콜롬비아, 에콰도르, 페루, 볼
리비아 등과 기아나 고원을 끼고 있는 베네수엘라, 가이아나, 수리

남, 프랑스령 기아나, 그리고 브라질 고원의 브라질의 총 9개 나라에 아마존이 펼쳐져 있는 것이다(62쪽 지도 참조).

따라서 브라질 말고 다른 국가에서도 아마존을 경험하는 것이 가능하다. 실제로 빠른 속도로 개발이 진행되고 있는 브라질보다는 안데스산맥의 동쪽 사면 아래 아마존의 상류 지역을 품고 있는 콜롬비아, 에콰도르, 페루 등에서 천연의 아마존 열대우림을 경험하기가 더 좋다고 말하는 사람도 있다. 이 책에서는 가장 널리 알려져 있는 아마존 열대우림 여행의 관문도시 두 곳을 소개하고자 한다.


## 페루 이키토스

이키토스Iquitos는 아마존 전체를 놓고 보면 서쪽 끝 안데스산맥 가까이에 위치해 왠지 변방에 치우쳐 있는 듯 보인다. 아마존강 하구인 대서양으로부터는 무려 3,700킬로미터나 떨어져 있으니 그럴 법도 하다. 하지만 주변의 울창한 열대우림은 오히려 그 보존 상태가 훨씬 좋다. 또 하나 특이한 점은 해발고도가 80미터밖에 안 된다는 것이다. 이를 통해 우리는 한반도의 수십 배에 이르는 아마존 유역분지가 얼마나 저평하고 광활한 지형인지를, 그래서 그 위의 아마존 물길이 얼마나 유장하게 넘쳐나는지를 상상해볼 수 있다. 이런 조건이기에 아마존 하류로부터 대형선박이 이 도시까지 거슬러 올라올 수 있고, 더 상류 방향으로도 소형 여객선과 화물선이 굽이굽이 마을과 도시들을 이어주고 있다.

이키토스(페루) 전경

　이키토스는 빽빽한 열대우림으로 육로는 막혀 있고, 오로지 하늘
길과 아마존 물길을 통해서만 접근이 가능한 도시다. 하지만 인구
는 37만 명에 이른다. 내가 아마존 여행을 준비할 때 이 도시를 출발
점으로 삼고자 한 것도 이 같은 고립성 때문이다. 페루의 수도 리마
에서 사막 기후 환경과 남미 대도시의 문화경관을 살펴보고, 안데스
산맥으로 올라가며 다채로운 자연경관과 잉카의 찬란한 문화경관을
감상한 후 비행기로 이키토스로 들어가 아마존 하류를 향해 배를 타
고 이동하는 여정을 생각했었다. 직항편으로 가면 리마에서 이키토
스까지 1시간 50분이니, 브라질의 리우데자네이루 또는 상파울루에
서 마나우스까지 4시간 이상 걸리는 것에 비하면 시간적으로도 효율
적일 것 같았다. 그렇게 하여 이키토스에서 마나우스를 거쳐 아마존

강 하구의 대도시 벨렘까지 배를 타고 장장 1주일을 항해한다면 아마존을 속속들이 볼 수 있을 것만 같았다.

하지만 아쉽게도 이 경로는 지도를 보며 지리적 상상력을 발휘하는 정도로 만족해야 했다. 짧은 기간 동안 넓은 대륙 남아메리카를 여행한다면 어쩔 수 없이 비행기를 이용할 수밖에 없다. 운항 횟수가 많은 브라질의 대도시에서 마나우스로 들어가는 방법이 전체 동선을 고려할 때 더 효과적인 방법이라는 것은 어쩔 수 없는 현실이었다. 더군다나 여행 시작 직전에 대홍수가 나는 바람에 배를 타고 아마존을 누비겠다는 야심찬 여행 계획은 아쉽지만 다음을 기약할 수밖에 없었다.


## 브라질 마나우스

아마존 유역분지의 한가운데에, 브라질 영토로 따지자면 북서부에 위치한 마나우스Manaus는 인구 220만 명의 아마존 최대 도시다. 상파울루에서 비행기를 타고 브라질 고원의 농경지를 지나 아마존 열대우림 가득한 땅으로 진입하면 가닿는 도시다.

아마존강의 최대 지류인 네그루강(검은 강)이 본류와 합류하는 지점에 위치한 마나우스는 대서양 하구로부터 약 1,500킬로미터 떨어진 내륙에 있다. 그럼에도 1만 톤급 이상 대형화물선의 선적/하역 작업이 가능한 컨테이너 터미널을 갖춘 대규모 항구도시다. 이곳 선착장에는 다양한 크기의 여객선이 가득 정박해 있고, 강의 수위를 알려

마나우스(브라질) 전경

주는 대형 표지판이 붙어 있다. 건기와 우기의 수위 차는 10미터라고 한다. 아마존은 바다처럼 넓고 고속도로처럼 분주한 물길이다. 그리고 그 중심에 바로 이 도시가 있다. 나는 바로 이곳에서 아마존 여행을 시작했다.

마나우스로 향하는 상공에서 아마존 파괴의 현장들을 직접 눈으로 확인할 수 있었다. 드문드문 직선으로 뻗은 도로를 따라 열대우림이 제거되어 있고, 그곳에는 가축 사료용 수출을 목적으로 하는 대규모 콩밭과 고기용 소 사육장이 들어서 있었다. 공교롭게도 마나우스에서의 첫 저녁식사는 최고의 맛을 자랑한다는 마나우스의 명물, '피카나 스테이크'였다. 소 한마리당 1.8킬로그램밖에 안 나온다는 소엉덩이살 스테이크. 그렇지만 한국돈으로 5천원 정도(2012년 기준)인

무척 저렴한 가격이었다. 제거된 열대우림이 이렇게 고급 스테이크로 둔갑한 것이라고 생각하니 입으로 전해지는 맛에만 집중하기가 쉽지 않았다.


## 아마존 열대우림 개발의
## 전진기지 마나우스

마나우스는 모든 면에서 놀라운 도시였다. 마나우스 공항에서부터 눈이 휘둥그레졌다. 아마존 열대우림 속에 있는 공항이 그토록 웅장한 규모일 줄은 예상하지 못했다. 초현대식 공항청사를 빠져나와 끈적끈적한 공기를 헤치고 시내로 들어서니 수상가옥과 재래시장이 눈길을 사로잡았다. 수많은 차량이 질주하는 깔끔하게 포장된 도로를 달려 도심부의 상 세바스티앙 광장에 도착했는데, 이번에는 아마존 극장(일명 오페라 하우스, 1896년 건립)과 상 세바스티앙 교회(1888년 건립) 같은 화려하고 고풍스러운 유럽풍 건물이 내 눈앞에 펼쳐졌다. 아마존 열대우림 한가운데에서 맞닥뜨리는 이 낯선 조합이라니!

상 세바스티앙 광장에는 아마존을 상징하는 조각상으로 구성된 개항기념비도 서 있었다. 마나우스에 항구시설이 건설된 후 첫 출항을 기념하기 위해 1900년에 세워졌다는 이 기념비의 4면에는 4개 대륙(유럽, 아메리카, 아프리카, 아시아)의 이름이 각각 새겨져 있었다. 전 세계로 뻗어나가는 중심점이라는 다소 의외의 의미를 담고 있다. 광장

상 세바스티앙 광장(마나우스)의 아마존 극장과 개항 기념비

바닥에는 검은색(네그루강)과 흰색(솔리몽이스강)으로 아마존 물결을 상
징하는 무늬가 그려져 있었다. 19세기 유럽세력은 실제로 이 물결을
헤치고 이곳 마나우스로 밀고 들어왔다. '열대의 파리'라고도 불리는
이 도시가 품고 있는 과거 유럽 식민주의자들의 세련된 탐욕의 에너
지가 열대의 후덥지근한 열기에 더해져 진하게 느껴졌다.

아마존 지역에 대한 유럽인들의 관심은 대항해 시대 이후부터 계
속되었지만, 마나우스가 본격적으로 크게 성장한 것은 19세기 말부
터다. 그 동력을 제공한 것이 아마존이 원산지인 고무나무다. 타이
어가 개발되어 전 세계적으로 고무 수요가 폭증하고, 이를 좇아 유럽
인들이 아마존으로 몰려들었다. 돈이 넘쳐나게 된 이 도시는 오페라
하우스 등 화려한 유럽식 건축물들이 들어서는 등 전성기를 구가했
다. 그러다 영국 사람들이 고무나무를 동남아시아 열대의 영국식민

지(말레이반도)에 들고 가 플랜테이션 작물로 대량생산하자 마나우스는 이내 쇠락의 길을 걷게 되었다. 원산지가 아마존인 고무나무가 오늘날 말레이시아의 주력 상품이 된 데에는 이런 사연이 있다. 이른바 '콜럼버스의 교환'*11이 세계지리를 바꿔버린, 즉 자연생태계를 바꾸고 사람들의 삶도 바꿔버린 대표적인 사례다.

이 도시가 다시 주목받기 시작한 것은 1960년대 이후 브라질 군사정부가 '서부로의 진군March to the West'이라는 기치를 내걸고 균형적인 국토 개발이라는 미명하에 본격적으로 내륙의 아마존을 개발하면서부터다. 동시에 자유무역지대로 지정되어 외부의 자본과 기술이 유입되면서 마나우스는 크게 성장한다.12

브라질이라는 국가적 규모에서 바라본다면, 아마존은 비록 변방에 치우쳐 있지만 풍부한 자원을 듬뿍 품고 있는 경제 발전의 요람과도 같은 곳이다. 독립 이후 경제 발전의 계기를 제대로 갖지 못했던 브라질 정부가 그나마 남아 있는 미개척지, 아마존에 관심을 갖고 개발 역량을 집중하려 하는 것은 어떤 면에서는 당연한 일일 수도 있다.

하지만 현재 전 세계가 아마존을 파괴하고 있는 브라질 정부의 지

---

\* 콜럼버스가 1492년 신대륙(아메리카)에 도착한 후 신대륙과 구대륙(유라시아, 아프리카) 간에 이루어진 광범위한 교류를 말한다. 대항해 시대를 이끌며 지구의 대부분 지역에 영향력을 발휘했던 유럽식민세력들은 감자, 옥수수, 커피 등 다양한 작물뿐만 아니라 동물물과 사람, 전염병, 생활문화 등 모든 분야의 것들을 새로운 곳으로 이식시켰다. 우리가 알고 있는 특정 지역의 고유한 '문화'들은 사실 이 '콜럼버스의 교환' 이후에 만들어진 섞임 현상의 산물인 경우가 많다.

역개발 정책에 곱지 않은 시선을 보내고 있다. 지구적 규모에서 보았을 때 지구온난화의 주범으로 지탄받고 있기 때문이다. 그럼에도 브라질 정부는 더 나아가 이 마나우스를 산업생산과 국제물류의 중심지로 발전시키기 위한 전략을 추진하고 있다. 대서양에서 내륙으로 1,500킬로미터나 떨어진 곳에 위치해 물류비용이 비쌀 수밖에 없는 상황을 상쇄하기에 충분할 만큼의 세금 혜택을 제공함으로써 세계 유수의 기업들을 유치하고 있다. 삼성과 LG 같은 우리나라의 기업들도 이 먼 곳까지 진출해 각각 300명 정도의 직원을 고용하고 있다고 한다.

## 아마존 열대우림에서 만난
## 낯선 생명들

이제 마나우스 시내를 벗어나 정글 속으로 들어갈 시간이다. 목적지는 네그루강 지류의 한 수상호텔. 작은 보트를 타고 약 1시간을 달려야 했다. 네그루강을 가로지르는 대형 다리 위로는 차량들이 분주하게 오가고 그 아래 강 위에서는 크고 작은 배들이 분주하게 움직였다. 육상교통만큼이나 수상교통이 발달해 개인용 보트, 여객용 페리, 짐을 실은 바지선, 그리고 대서양 큰 바다를 오가는 대형화물선까지 다양한 종류의 배들을 모두 볼 수 있었다. 그 사이사이에 수상 주유소에는 기름을 넣으려는 배들이 줄지어 서 있었다. 낯설고 신기한 장면이었다. 심지어 작은 편의점들도 강 위에 떠 있다.

아마존의 1,100여 개 지류가 토해내는 물의 양은 엄청나다. 빙하로 묶여 있는 담수를 제외하고 액체 상태로 이용 가능한 지구 전체 담수의 약 4분의 1이 여기 아마존에 있다. 보트 위에서 가만히 바라보고 있으면 정말 태평양처럼 넓고 평안해 보였다. 그러다 고개를 돌리니 수평선과 나란하게 펼쳐진, 초록색 양탄자를 펼쳐놓은 듯한 지평선이 보였다. 열대우림이었다.

지류를 따라 그 속으로 좀더 들어가 보았다. 지름이 2미터는 족히 됨직한 커다란 연꽃잎이 납작한 접시 모양으로 물 위에 떠 있는 모습이 눈길을 끌었다. 빅토리아 연꽃이었다. 아마존에 웬 빅토리아? 이 꽃을 최초로 발견한 영국인이 당시 영국 여왕을 칭송하기 위해 이렇게 이름을 붙였다고 한다. 제국주의가 남긴 흔적은 열대 도처에 새겨져 있었다.

온갖 식물들로 빽빽하게 가득 차 있는 작은 지류들은 잔잔한 물이 고여 있는 어슴푸레한 동굴 같았다. 그 속으로 깊숙이 내리꽂히는 몇 줄기의 햇살이 나무 위에 흙으로 지어진 개미집과 그 옆에 나뭇가지로 엮어놓은 새집을 비추었다. 요란한 보트 소리에도 아랑곳하지 않고 굵은 나무줄기에 착 달라붙어 있는 나무늘보, 5미터에 육박하는 지구에서 가장 큰 민물고기 피라루쿠, 날카로운 이빨을 가진 육식성 물고기 피라냐, 그 외 아나콘다, 매너티, 전기뱀장어 같은 희귀한 동물들이 이곳에 살고 있었다. 타고 있는 보트를 이들이 뒤집어버리면 어쩌나 하는 공연한 두려움이 들기도 했다.

빅토리아 연꽃

나무늘보

아마존강 돌고래 보뚜

밤 시간에 이곳을 찾는다면, 네그루강의 검은 물빛과 칠흑 같은 어둠이 합쳐져 모든 것을 삼켜버리는 진정한 암흑의 공간을 경험할 수 있다. 안내인이 플래시를 한 바퀴 돌려 비추고 꺼버리자 초롱한 별들이 하늘에서 내려와 내 눈높이 아래 사방에 흩어져 빛났다. 등골을 서늘하게 만드는 악어들의 강렬한 눈빛이었다.

낮 시간에는 귀엽고 예쁘장한 연분홍 돌고래 보뚜도 만날 수 있었다. 동물원에서 보았던 친숙한 그 돌고래의 모습, 더군다나 부드러운 연분홍 빛깔이 긴장된 마음을 진정시켜주었다. 사육사에 의해 잘 조련된 이 돌고래는 길게 튀어나온 입으로 생선을 받아먹으며 요리조리 포즈를 취해주고, 사람들이 만져볼 수 있도록 곧추 서주기도 했다.

보뚜의 연분홍빛 미끈한 자태는 예로부터 이들과 함께 오래 살아

수상호텔과 원주민 조각상

온 원주민들에게 경외심과 두려움을 동시에 불러일으켰다. 그들에게는 이 보뚜가 전통적으로 사람으로 변신이 가능한, 유혹과 납치의 신으로 인식되어왔다. 신화에 따르면, 보뚜는 밤에 최고의 아름다움을 지닌 사람으로 변신할 수 있으며, 마을에 나타나 사람을 유혹하거나 임신시키기도 하고, 때로는 물속의 수중 낙원, '엥깡찌'로 사람들을 유괴해가곤 한다. 그래서 사람들은 보뚜를 함부로 잡지 않았고 특히 마을 사람들은 밤에 물가로 나가는 것을 삼갔다.[13] 그러나 지금은 안타깝게 수중동물원에 갇힌 채 조련되어 관람객들에게 귀엽게 묘기를 부리는 애완용 돌고래 신세다. 여기에 멸종 위기에 처해 있다는 현실까지 생각하면 귀여움보다는 안타까운 마음이 더 커질 수밖에 없다.

## 세계로 뻗어나간
## 아마존의 음식 카사바

보트 투어 중에는 이곳의 원주민을 만나고 그들이 사는 마을을 둘러보는 일정도 있다. 그런데 사실 우리가 만날 수 있는 사람들은 아마존 깊은 밀림 속에 사는 진정한 원주민이 아니라 마나우스 근교 강가에 사는 문명화된 원주민이다. 최근에 전기가 들어오기 시작했고 가재도구며 생활용품도 공장에서 만든 것들이다. 나는 이곳에서 한 부부의 자녀 10명과 손자손녀들을 모두 합해 40여 명의 대가족이 함께 모여 그 자체로 하나의 마을을 이루고 있는 사람들을 만났다. 얼굴을 마주하자마자 내게 축구공을 슬며시 차서 보내는 꼬마와 가볍게 눈웃음을 주고받았다. 조용한 미소를 날려주는 그들의 환대에 마음이 푸근해졌다.

가운데 넓은 마당을 중심으로 나무와 갈대를 엮어 만든 집들이 주변에 흩어져 있었다. 마당 가장자리에는 굵은 나뭇가지들을 동그랗게 박은 여러 개의 텃밭과 가축우리도 눈에 띈다. 한쪽 켠에는 나뭇잎들을 엮은 지붕만 있고 사방이 터져 있는 공용주방도 있다. 마침 큰 화덕 위, 무쇠로 만든 조리용 팬에는 타피오카 전병이 익어가는 중이었다. 타피오카는 뭉툭한 고구마처럼 생긴 카사바의 알뿌리를 갈아서 만든 하얀 가루다.

카사바는 바로 이곳 아마존이 기원지이고, 타피오카는 이들의 주식이다. 오늘은 우리를 위해서 특별히 너트까지 갈아 넣어 고소함이

카사바와 타피오카 전병

더해진 타피오카로 식사를 내왔다. 타피오카 전병과 함께 육식 물고기, 피라냐 구이와 걸쭉한 아사이베리 원액 주스가 딸려 나왔다. 최근 건강식으로 한국에서 큰 인기를 끌면서 알약 형태로도 비싸게 판매되고 있는 아사이베리가 이 마을에는 지천으로 깔려 있었다.

아마존이 기원지인 카사바도 '콜럼버스의 교환'의 대표적인 사례다. 이 작물은 브라질을 식민화한 포르투갈 세력에 의해 16세기에 서아프리카로 전해졌다. 이는 다시 포르투갈의 점령지였던 인도양, 태평양 해안의 열대 지역을 따라 아시아로 확산되었다. 척박한 토양(라테라이트) 때문에 곡물 재배가 원활하지 못한 열대 지역에서 이 뿌리작물 카사바는 순식간에 퍼져나갔고, 주식으로까지 자리를 잡게 되었다. 오늘날 이 작물의 세계 최대 생산국이 나이지리아이고, 태국이 2위인 것만 보아도 신대륙 기원의 전파 작물이 구대륙의 삶을, 특히 열대 지역의 삶을 얼마나 크게 변화시켰는지 확인할 수 있다. 유엔 식량농업기구FAO의 통계에 따르면, 인류의 4대 탄수화물 작물은 옥수수, 밀, 감자, 그리고 바로 이 카사바다. 카사바가 쌀보다 앞선다는 점이 눈길을 끈다.

그런데 최근에 이 열대의 작물 카사바가 우리에게도 다이어트 식품으로 각광을 받으며 소비되기 시작했다. 또한 우리에게 익숙한 음료로 자리잡은 버블티(홍차와 우유를 섞은 밀크티)를 통해서도 이 카사바를 쉽게 접할 수 있다. 버블티의 동글동글한 펄의 원료가 바로 이 카사바 분말 타피오카다. 이 음료는 1980년대 대만에서 처음 탄생했다. 열대의 가장자리에 속해 있는 대만은 원주민들이 일찍이 카사바를 받아들였고 전통의 음식 재료로 사용해왔다. 일본에서는 이 음료를 버블티라고 하지 않고, 흥미롭게도 그냥 타피오카라고 부른다.


## '원주민'이
## 직업인 사람들

이번에는 좀더 원시적인 문화를 경험할 수 있다는 더 깊은 원주민 마을로 들어갔다. 보트의 속도를 올려 네그루강 상류로 이동하니, 강가에 늘어선 크고 작은 마을들이 보였다. 홍수로 물이 넘쳐 바닥이 잠겨 있었다. 강을 향해 문을 연 레스토랑과 상점도 영업 중이었는데

데사나 원주민 마을의 공연

배를 타고 오가는 이들을 위한 편의시설이었다. 학교와 교회도 있고, 수상가옥은 커다란 텔레비전 수신용 접시 안테나를 달고 줄지어 서 있었다. '상토메Sao Thome 마을'이라는 간판도 선명하게 보였다. 문명화된 마나우스의 교외지역이라고 보면 틀림없을 것 같다.

여기서 다시 울창한 열대우림을 터널처럼 뚫어낸 좁고 어두운 지류로 들어서 40분 정도 제법 깊은 속으로 들어가자 선착장이 나타났다. 선착장에서 내려 그 위로 이어진 흙길을 걸어 올라가다 보니 길 끝에 데사나Desana 원주민 마을이 보였다. 이 마을에 대한 첫인상은 '조용하다'였다. 앞서 보았던 마을처럼 자족적인 삶을 위한 텃밭이나 가축우리 같은 것은 보이지 않았다. 고기잡이용 배나 어로 장비도 보이지 않았다. 사냥과 채집으로 살아간다는 용맹한 원주민 부족의 위상에는 당최 어울리지 않는 모습이었다. 여기가 원주민 마을이 맞기는 한 걸까?

안내인을 따라 고상가옥 몇 채를 지나 삼각형 지붕의 대형 건물에 도착했다. 흙바닥에 나뭇가지로 벽과 기둥을 세우고 가장자리에 통나무로 좌석을 만든 일종의 공연장이었다. 연장자들로 구성된 서너 명의 원주민 남녀가 우리를 환대했고, 잠시 후 20여 명의 원주민 '배우'들이 입장하면서 본격적인 공연이 시작됐다. 남녀 모두가 엉덩이 부위만을 잎사귀로 둘러 가린 채 진한 구릿빛 상체를 그대로 노출시킨 모습이었다. 무척이나 낯설고 섬뜩하기까지 했다. 토속악기의 멜로디는 단순했고, 그에 맞춘 동작들도 기계적으로 돌고 돌았다. 그들은 분명히 원주민이지만, '원주민'이라는 상품으로서 원주민 퍼포먼스를 직업으로 삼고 있는 사람들이기도 했다. 공연 막바지에는 엷은 미소로 관객들의 손을 잡아끌어 공연장을 함께 돌며 기계적인 동작을 이어갔다. 그러고는 공연의 마지막 서비스처럼 사진 촬영을 위한 배경이 기꺼이 되어주었다.

이곳에서 아마존 원주민의 삶을 볼 수 있으리라 기대한 사람에게는 실망스러울 수밖에 없는 장면일 것이다. 원형 그대로의 삶을 살아가는 진정한 원주민이 아마존의 아주 깊은 곳에 아직 조금 남아 있다고는 한다. 그렇더라도 여행자들이 그들 삶을 들여다보기는 거의 불가능한 일이다. 그 점을 잘 알고 있으면서도 공연 내내 마음이 씁쓸하고 불편했다. 그 이유가 원형의 문화를 경험하지 못했다는 아쉬움 때문은 아니었다. 이들의 생계가 거의 전적으로 공연을 보러오는 외부인들에게 달려 있다는 안타까운 현실 때문이었다. 물론 관광객의

126

시선에 맞추어 생계 방식을 바꾼 그들의 삶은 그 자체로 존중받아 마땅하다. 그러나 글로벌 자본주의에 편입되어 수동적인 삶을 이어갈 수밖에 없는 그들의 현실 앞에서는 절로 마음이 스산해질 수밖에 없었다.

## 아마존은
## 강물조차 경이롭다

원주민 마을을 떠나 다시 마나우스 너머 네그루강의 하류 방향으로 빠르게 헤쳐 나갔다. 네그루강은 정말 검은 색을 띠고 햇빛을 반짝반짝 반사하며 유유히 흐르고 있었다. 강물에 손을 담그면 왠지 초콜릿색으로 변하기라도 할 것처럼 끈적하게 물살이 일렁였다. 이 강은 마나우스에서 북서쪽으로 약 2,200여 킬로미터 떨어진 콜롬비아, 베네수엘라, 브라질 접경지역에서 발원해 적도를 관통한 후 마나우스에서 황토색의 솔리몽이스Solimões강과 합류한다. '모래 강'이라는 뜻의 솔리몽이스강은 페루의 안데스산맥에서 발원해 동쪽으로 남위 2~4도 사이를 흘러 마나우스에 이른다.* 이 두 개의 강물이 합쳐지는 곳을 '엔꼰뜨로 다스 아구아스Encontro das Águas'라고 부르는데, '물의 만

---

* 이 모든 강을 전부 합쳐서 흔히 아마존이라고 하지만, 엄밀하게 말하자면 네그루강과 솔리몽이스강이 합류하는 마나우스 동쪽에서부터 대서양 하구에 이르기까지의 거대한 강줄기가 아마존강이다.

네그루강과 솔리몽이스강이 만나는 엔꼰뜨로 다스 아구아스

남'이라는 뜻이다.

'물의 만남'은 신기하고 경이로웠다. 이전까지 이런 종류의 거대한 자연의 힘을 본 적이 없었다. 네그루강의 검은색 물줄기와 솔리몽이스강의 황토색 물줄기는 경계선이 분명히 그어진 채로 분할되어 나란히 흘러간다. 그 길이가 대체로 15킬로미터 정도인데 우기 때에는 수십 킬로미터에 이른다고 한다. 물과 기름이 만나는 게 아니라 물과 물이 만나는데 어떻게 이토록 뚜렷하게 구분될 수 있을까?

아마존 유역분지는 북반구와 남반구에 동시에 걸쳐 있기 때문에 각각에서 독특한 생태적, 경관적 특징이 나타난다. 북서쪽에서 유입되는 네그루강은 열대우림 지역에서 발원해 적도를 가로지르면서 역시 열대우림에서 발원하는 작은 지류들과 만나 마나우스에 이른다. 따라서 열대우림 식생이 부식된 잔해물과 토양을 대량으로 운반하면서 검은 빛을 띠게 되는 것이다. 반면에 솔리몽이스강은 안데스 산지와 브라질 고원에서 발원하는 작은 지류들과 만나 마나우스에 이른다. 따라서 화강암 등과 같은 암석이 침식되어 만들어진 토양을 대량으로 운반하면서 황톳빛을 띠게 된다. 이렇게 하천이 운반하는 물질이 완전히 다르고 강물의 온도와 속도 또한 다르기 때문에 서로 섞이지 못하고 흘러가는 것이다. 그 덕에 여행자들은 뜻밖의 진귀한 광경을 볼 수 있다.

다시 기수를 돌려 마나우스로 돌아가는 여정에 멋진 석양빛이 드리워졌다. 하늘은 유난히도 붉은 빛깔로 이글이글 달구어져갔다. 숨막히는 아름다운 장면이 아마존강의 윤슬에도 펼쳐졌다. 검은 빛과 황톳빛의 거대한 물줄기가 각각 붉은 기운으로 변해갔다. 석양 빛 강물결이 힘차게 실어 나르는 습한 공기가 제법 서늘하게 얼굴을 감싸기 시작했다. 거대도시 마나우스의 화려한 불빛조차도 그 육중한 아마존의 어둠 속에서는 그저 가녀리게 반짝이는 수많은 반딧불처럼 보였다.

제3장

동아프리카 지구대를 넘어
생명의 호수에 이르다

빅토리아호

흔히 아프리카라고 하면 흙먼지 풀풀 날리는 건조한 땅, 혹은 열대우림이나 동물의 왕국 세렝게티 등을 먼저 떠올리는 사람이 많을 것이다. 그런데 지도를 보면 동아프리카 쪽에 마치 커다란 구멍이라도 난 것처럼 뻥 뚫린 빅토리아호와 그 위아래로 지렁이처럼 길쭉하게 늘어져 있는 크고 작은 호수들이 곳곳에 파랗게 그 존재감을 드러내고 있다. 게다가 우리에게도 잘 알려진 하얀 빙하를 모자처럼 쓰고 우뚝 솟아 있는 킬리만자로산이 위치한 곳도 바로 이곳이다.

열대 지역에 빙하라니, 이 얼마나 신비로운가! 영험한 기운이 충만할 것만 같지 않은가. 이곳은 같은 위도대의 서부 아프리카에 비해 고도가 상당히 높아 저위도 열대치고는 기온이 상대적으로 온화하다는 특징도 가지고 있다. 이런 이유로 같은 위도의 아프리카 중에서도 이곳 동부 아프리카의 커피가 무척 질이 좋다고 하는데, 그 풍경과 맛은 어떨지도 너무 궁금했다.

이 모든 호기심과 기대를 안고 내가 동부 아프리카 여행에 나선 것은 10월 말이었다. 케냐의 인도양 해안도시 몸바사Mombasa에서 기차를 타고 내륙을 향해 동쪽 나이로비Nairobi로, 다시 나이로비에서 트럭으로 갈아타고 빅토리아호에 이르러, 다시 서쪽으로 방향으로 돌려 세렝게티 초원을 지나 킬리만자로산에 이르는 여정이었다.

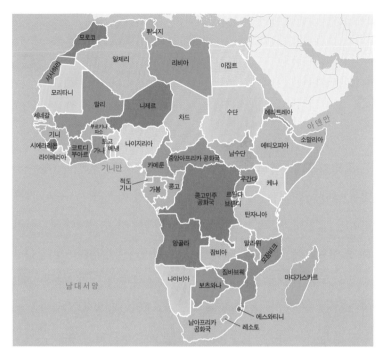

아프리카 대륙의 국가들

아프리카 대륙의 위성사진

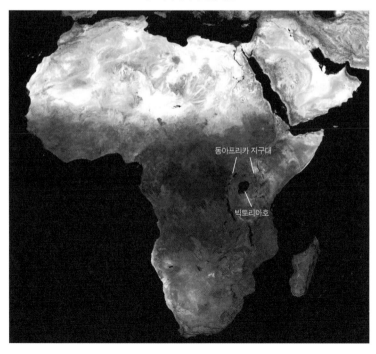

# 동아프리카 지구대와
# 분지의 마을들

트럭을 타고 나이로비에서 빅토리아호의 동쪽 호안에 위치한 탄자니아 무소마Musoma까지는 꼬박 1박 2일이 걸렸다. 하지만 차창 밖으로 펼쳐지는 흥미진진한 광경은 물론이고 육로로 국경을 넘는 이색적인 경험들로 지루할 틈이 없었다. 그중에서도 탄성을 자아낸 첫 번째 광경은 나이로비에서 북서쪽으로 약 1시간반가량 달려 마주하게 된 '동아프리카 지구대'의 모습이었다. 지구대는 단층작용으로 땅이 벌어져 그 사이에 좁고 길게 띠 모양의 골짜기가 형성된 지형을 말하며, 열곡대裂谷帶라고도 부른다. 중동의 레바논에서 홍해를 건너 징검다리처럼 이어진 호수들을 지나 남아프리카의 모잠비크까지 장장 약 6천 킬로미터를 뻗어 내린 이 지구대의 동서 간 폭은 35~60킬로미터 정도다.*

마이 마히우Mai Mahiu 마을에 있는 2,140미터 높이의 전망대에서 그 광경을 직접 내려다보았다. 이곳은 전체 지구대 중에서 폭이 가장 좁은 부분으로, 그래서 천연의 숲으로 뒤덮인 양쪽 산맥의 능선들과 그 사이 평지에 펼쳐진 사바나 지역이 한눈에 들어왔다. 장쾌한 광경

---

* 이 지구대는 1년에 2~7밀리미터씩 계속 갈라지고 있어 결국에는 아프리카 판이 둘로 분리될 것이라고 한다. 따라서 지각(땅껍데기)이 불안정해 화산 활동이 아프리카에서 가장 활발하며 이로 인해 화산회토가 널리 분포한다. 비옥한 토양 덕분에 농사가 잘되어 이곳은 아프리카에서 인구밀도가 가장 높다.

마이 마히우 전망대에서 내려다본 동아프리카 지구대

이 웅장하고 경이로웠다.

이 지구대는 빅토리아호의 북쪽에서 동쪽(동부 열곡대)과 서쪽(서부 열곡대)으로 갈라져 달린 후 다시 빅토리호의 남쪽에서 하나로 합쳐진다. 따라서 빅토리아호와 주변지역은 둘로 갈라진 동아프리카 지구대(열곡대) 사이에 위치한 커다란 분지인 셈이다. 이 분지는 해발고도가 약 1,100~1,800미터 정도이며, 그곳에서 가장 낮은 곳(고도 1,134미터)에 아프리카에서 가장 넓고 세계에서는 두 번째로 넓은 민물 호수 빅토리아호가 자리잡고 있다.

동부 열곡대를 가로질러 빅토리아 분지의 동쪽 사면에 들어서면 고도가 점차 낮아지면서 숲의 규모가 점점 넓어진다. 그 사이사이에

빅토리아 분지의 농경지와 농부들

일구어놓은 농경지와 마을도 점점 더 많아진다. 숲과 농경지가 어우러져 있는 완만한 구릉지가 이어지고, 농부들의 힘찬 쟁기질이 따스한 햇살을 가른다. 유럽의 19세기 낭만주의 풍경화 속 한 장면을 연상시킬 만큼 아름답다. 물론 이곳의 숲이 좀더 풍성하고 다듬어지지 않은 천연의 모습을 간직하고 있다는 점, 서부유럽의 우중충한 구름 덮인 하늘이 아니라 환한 햇살이 눈부시게 감싸고 있다는 점, 유럽과는 달리 사탕수수, 차, 커피, 간혹 장미 등의 작물이 재배되고 있다는 점, 마을 여기저기 텃밭에 자급자족용 각종 채소가 재배되고 있다는 점, 마을의 도로나 건물이 자그마하고 허름하다는 점, 그리고 기독교 교회뿐 아니라 모스크도, 큰 마을에서는 함께, 작은 마을에서는 각각 마을 단위로 분리되어 자리 잡고 있다는 점 등이 다르지만 말이다.


## 빅토리아호를 향한
## 국경 넘기


이제 남쪽으로 국경을 넘어 탄자니아로 들어갈 시간이다. 케냐 쪽의
이시바니아Isibania 출국 심사장과 탄자니아 쪽의 시라리Sirari 입국 심
사장은 양쪽 모두 꽤 느긋한 분위기다. 그도 그럴 것이 이곳은 원래
한 마을이었다고 한다. 식민 통치를 끝낸 독립국 케냐와 탄자니아가
서쪽의 빅토리아호에서 동쪽의 킬리만자로산까지를 직선으로 그어
국경선을 확정하면서 마을이 둘로 갈리게 되었다. 한 채의 집 위로
국경이 통과하는 경우도 있었다. 양쪽의 주민들은 여권 관련 행정절
차 없이 자유롭게 왕래하는데, 국경 직원들이 얼굴을 다 알기에 얼굴
이 곧 여권인 셈이다. 관념으로서의 국가적 소속감보다 생활공간으
로서의 로컬 소속감이 더 크게 인식되는 곳으로 보였다.

　탄자니아 땅에 들어선 후에도 약 100킬로미터를 더 달려서 빅토
리아호변의 무소마에 도착했다. 검푸른 파도가 잔잔하게 일렁이는
빅토리아호는 아마존만큼이나 광활한 모습이었다. 태양을 떠받친 하
얀 뭉게구름이 수평선에 닿아 있었다. 이곳에 도착한 10월 말은 건기
의 끝자락에서 소우기로 넘어가는 시기로, 적도 바로 아래 남반구에
위치한 무소마의 한낮 기온은 28도 정도여서 견딜 만했다. 빅토리아

호에서 불어오는 제법 산산한 바람이 뺨을 가볍게 두드렸다.

빅토리아호는 면적이 약 6만 9천 제곱킬로미터에 이르는 대호수다. 대한민국의 면적이 대략 10만 제곱킬로미터인 것과 비교하면 그 규모가 어느 정도인지 가늠해볼 수 있을 것이다. 풍부한 수량은 세계에서 가장 긴 나일강을 만들어낸다. 이 호수는 유일하게 호수의 북쪽 우간다의 진자Jinja라는 도시를 통해서만 트여 있는데, 그곳이 바로 나일강의 기원을 이룬다.

이 거대한 호수를 처음 '발견'한 것은 19세기 말 영국의 탐험가들이었다. 하지만 그것은 영국에 처음으로 알려졌다는 뜻일 뿐 애당초 이 생명의 호수에는 아주 오래전부터 토착민들이 자손만대로 살아오고 있었다. 그들은 이 호수를 '니안자Nyanza(반투어로 호수라는 뜻)'라고 불렀다. 그럼에도 나일강의 수원을 찾아 헤매던 영국의 탐험가 존 스피크와 제임스 그란트는 우연히 이 호수를 발견하고는 당시 대영제국 빅토리아 여왕의 이름을 붙여 충성을 표시했다.

당시 전 세계를 누비고 다녔던 영국의 탐험가들은 자신들이 첫발을 내디딘 주요 지점마다 빅토리아 폭포, 빅토리아섬, 빅토리아항 등 빅토리아라는 지명을 붙여 놓았다. 나는 식민제국주의 시대에 굴러들어온 이러한 지명들이 원래대로 복원되기를 바란다. 예를 하나 더 들면, 세계 3대 폭포 중 하나라고 알려진 잠베지강 중류의 빅토리아 폭포를 원주민들은 '모시-오야-툰야Mosi-oa-Tunya'라고 불렀는데 이는 '천둥 치는 연기'라는 뜻이다. 이곳에 와본 적도 없는 영국 여왕의 이름보다 훨씬 실감나는 멋진 이름이 아닌가!

식수와 농업용수로 사용할 수 있는 풍부한 담수를 끼고 있다는 점, 적도 주변이지만 고도가 높아 상대적으로 기후가 양호하다는 점은 사람들이 모여 살기에 좋은 자연 조건이다. 차창지리를 통해 확인한 것처럼 벼, 면화, 사탕수수, 커피 재배가 가능하고, 열대과일도 풍성하다. 더군다나 빅토리아호의 풍부한 수산물은 중요한 단백질 공급원이 되어주었다. 아마도 이러한 이유로 빅토리아호 주변의 넓은 사바나 지역이 인류 진화의 근원지가 되었을 것이다. 현재도 마찬가지여서 이 지역의 인구밀도는 아프리카에서 가장 높다. 빅토리아호 주변의 지도를 살펴보면, 호안도시들이 밀도 높게 분포하고 있고 도시들을 연결하는 수상교통망이 잘 발달되어 있음을 확인할 수 있다.

그런데 20세기 후반 이후 이 호수에 외래종이 유입되면서 심각한 환경문제를 겪게 되었다. 그 원인 제공자는 역시 식민지배자 영국인들이었다. 그들은 1950년대에 식용으로 더 적합해 상업적 가치가 크다고 판단한 나일농어를 이 호수에 방류하기 시작했다. 최대 2미터, 200킬로그램에 이르는 이 대형 물고기는 기존의 토종 물고기를 잡아먹었고, 급기야 먹잇감이 줄어들자 서로를 잡아먹기까지 했다.

결국 1990년대에 이르러 전체 어류의 80퍼센트를 나일농어가 차지하게 됐다. 여기에 더해 지구온난화로 수온이 상승해 녹조현상이 확산되고 산업화의 결과로 오염물질이 대량 유입되자 호수는 결국 자정 기능을 상실하고 만다. 피해의 마지막 종착점은 그곳을 터전으로 삼아온 주민들이 될 수밖에 없다. 깨끗한 물과 풍성한 단백질을 제공해주던 생명의 호수 빅토리아호가 오히려 주민들의 삶을 피폐

빅토리아호에서 잡아올린 나일 농어

하게 만드는 근원으로 바뀌고 있는 것이다.


## 동아프리카를 여행하는 색다른 방법,
## 사바나 기차여행

인도양의 해안 저지대에서 케냐의 사바나 초원과 동아프리카 지구
대를 거쳐 빅토리아호까지 달리면서 다채로운 차창지리를 편안하게
감상할 수 있는 있는 색다른 방법이 하나 있다. 인도양 연안도시 몸
바사에서 나이로비를 거쳐 빅토리아호수 북쪽 연안의 항구도시 키
수무Kisumu까지 이어지는 기차여행이 그것이다.

이 노선은 과거 영국 식민지 시절 내륙의 자원을 항구로 수송해 유럽으로 반출하기 위해 개설된 철로였다. 그런데 최근 이 노선을 쾌적하게 현대화해 다시 운영하기 시작했다. 몸바사-나이로비 구간은 2017년에 '마다라카 익스프레스Madaraka Express'라는 이름의 고속철도로, 나이로비-키수무 구간은 2021년에 '키수무 사파리 트레인Kisumu Safari Train'이라는 이름의 일반급행철도로 재개통되었다. 아쉽게도 내가 이곳을 여행할 때는 키수무 사파리 트레인은 개통 전이라 몸바사에서 나이로비까지만 마다라카 익스프레스를 이용해 여행하고, 그 이후는 트럭을 타고 이동했다.

마다라카 익스프레스의 노선은 원래 구닥다리 완행열차가 15시간 걸려 주파하던 구간이었다. 그러던 것이 2017년 중국자본이 투입됨에 따라 4시간 30분 만에 주파할 수 있는 400킬로미터 남짓의 고속철도로 현대화되었다. 동부 아프리카의 사바나 초원을 가로지르는 이 기차는 케냐 사람들과 섞여 그들의 일상문화를 함께 경험할 수 있다는 점에서, 또한 넓은 차창을 가득 채우는 사바나 초지와 화산 지형의 색다른 자연경관을 쾌적하게 감상할 수 있다는 점에서 대단히 매력적이다. 다음은 내가 경험한 마다라카 익스프레스 이야기다.


## 마다라카 익스프레스에서 만난 케냐 사람들

10월의 마지막 토요일, 우기 초입에 들어선 몸바사에 밤새 비가 내려 새벽공기가 제법 쌀쌀했다. 수평선 가까이에 잿빛 뭉게구름이 듬

케냐 기차여행 경로

성듬성 피어오르는 모습을 보면서 몸바사 역에 도착했다. 위압적이고 거칠어 긴장감까지 감돌던 검문검색을 통과한 후 탑승을 위해 플랫폼으로 들어갔다. 객차 입구에서 제복을 입은 남녀 승무원이 차렷 자세로 절도 있게 승객들을 맞이했다. 객차 안은 행색이 말쑥한 검은 피부의 케냐 사람들로 수선스러웠다. 호기심 어린 눈으로 그들을 바라보는 나의 시선과 피부색이 다른 유일한 승객인 나를 바라보는 그들의 시선이 분주하게 부딪쳤다. 하지만 이내 싱긋 웃음 짓는 표정에서 그들의 나긋한 마음을 읽을 수 있었다.

내 앞자리에는 주말을 맞아 가족을 만나러 간다는 40대 아저씨 응가야 씨가 앉아 있었다. 몸바사의 정유회사 엔지니어라는 그는 국제관계와 케냐 역사지리에 대해 해박한 지식을 가지고 있었다. 특히 케냐

마다라카 익스프레스와 승무원들

인의 관점에서 바라본 동아프리카와 세계정세 이야기에는 귀가 솔깃
해질 수밖에 없었다. 옆자리에는 씩씩하고 유쾌한 열한 살짜리 소년
레비트가 있었다. 누나 두 명과 함께 몸바사에 살고 있는데 방학을
맞이해 나이로비에서 일하는 부모님을 만나러 가는 중이라고 했다.
레비트는 내 영어 발음이 신기한 듯 말할 때마다 깔깔 웃으며 이것저
것 되묻곤 했다. 그러다가 문득 한국말로 기차가 뭐냐고 물었고, '기
차'라고 대답하자 이번에는 배를 잡고 박장대소를 했다. 옆에서 듣던
응가야 씨도 웃음을 참지 못했는데 알고보니 '키차kichaa'는 스와힐리
어*로 '미친 놈'이라는 뜻이기 때문이었다.

---

* 빅토리아호를 둘러싼 동부 아프리카의 여러 나라에서 쓰이는 언어다. 원래는 탄자니아 앞바
다의 잔지바르섬에서 기원한 언어로 인도양을 통한 활발한 문화교류의 과정에서 토착어, 아
랍어, 인도(힌두스탄)어, 말레이어, 포르투갈어 등이 섞이면서 만들어졌다. 각자의 언어를 가

홍미로운 차창지리를 감상하면서 웅가야 씨와 케냐의 역사지리 이야기를 한참 나누고 있을 때 레비트가 슬그머니 교과서 한 권을 펼쳐놓고 읽기 시작했다. 케냐 초등 4학년 사회 교과서였다. 슬쩍 엿보니 케냐의 산지와 하천, 그리고 동아프리카 지구대에 관한 지도와 설명이었다. 내 눈길이 책에 쏠리자 레비트는 나름의 지식을 동원해 열심히 지도를 설명해주었다. 그 모습이 귀여우면서도 한편으로는 매우 놀라웠다. 초등 4학년이 배우는 지리 내용의 수준이 꽤 높은 데다가 레비트도 지금 우리가 어디쯤을 지나고 있는지 지도에 표시할 수 있을 정도로 잘 이해하고 있었기 때문이었다.

지나가는 식음료 카트를 세워 음료와 간식거리를 사서 기차여행의 또 다른 재미를 더해준 그들과 함께 나눠 먹었다. 종이컵에 따라주는 케냐AA 커피의 향기가 참 구수했다. 그렇게 우리의 4시간 남짓의 동행은 진한 흔적을 내 마음속에 새겨놓았다.

## 케냐 사바나와
## '키베라'의 차창지리

이 기차의 차창지리는 정말 압권이다. 야자나무가 울창한 항구도시

진 수많은 토착부족 간의 의사소통을 위해 도입된 이런 언어를 '소통어Lingua franka'라고 한다. 특히 식민제국주의를 벗어난 국민국가가 내부적으로는 다양한 종족 간의 통합을 이루어내고, 외부적으로는 이웃한 국가 간의 소통을 증진하기 위해 이 언어를 채택했다.

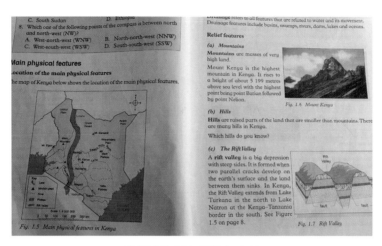

케냐의 초등 4학년 사회(지리) 교과서

몸바사를 떠나 해발 1,700미터에 위치한 나이로비를 향해 나아갈수록 고도가 점차 높아져 열대우림의 밀도는 점점 줄어들고 마침내 완전한 사바나 초지로 바뀌는 모습이 파노라마처럼 펼쳐진다. 중간중간에는 세렝게티와는 달리 근대화된 마을들이 소담하게 앉아 있고, 특히 마을 입구에는 아름드리 바오바브 나무가, 그 한가운데에는 모스크나 교회가 위풍당당하게 서 있고는 했다. 바오바브 나무의 장대한 모습은 마치 우리나라 시골마을 입구에 서서 영험의 기운을 발산하는 보호수를 연상케 한다. 마을 주변에만 조성되어 있는 농경지에서는 옥수수와 콩을 심기 위한 정지 작업이 한창이었다.*

---

\* 회귀선 안쪽 열대 지역은 우기와 건기가 각각 두 번씩 나타나는 곳이 많고, 이에 맞추어 농작물도 한 해에 두 번 재배해 수확한다. 케냐에서는 3~7월과 10~12월이 작물을 재배하는 농번기이고, 학생들의 방학도 이에 맞추어 탄력적으로 운영되는 지역이 많다고 한다.

기차에서 내다본 케냐 시골마을 입구와 바오바브 나무

　이윽고 사바나 초지로 들어섰을 때 왼쪽 차창으로 저 멀리 킬리만
자로산이 하얀색 모자를 쓰고 구름에 반쯤 가려진 채 나타났다. 신비
로운 모습에 말문이 막혔다. 잠시 후 차창 밖 초원에는 코끼리 몇 마
리가 부지런히 걸어가는 모습이 보였다. 킬리만자로산과 사바나 초
지, 거기에 운 좋으면 코끼리와 기린의 모습을 볼 수 있는 곳, 상상의
그림이 현실이 되는 신기한 현장이었다.

　이 기차는 나이로비 외곽의 고속철도 전용 터미널까지만 운행한
다. 따라서 시내로 들어갈 승객은 다시 시내 구간 기차로 갈아타야
한다. 나는 응가야 씨와는 작별인사를 나누고 레비트와 함께 이 기차
에 올랐다. 의도하지 않았지만 나는 그의 보호자가 되어, 아니 정확
히 말하자면 그가 나의 보호자가 되어 함께 움직였다.

이 시내 구간 기차의 차창지리 또한 압권이었다. 국제도시 나이로비는 도시화가 빠르게 진행되고 있지만, 시내에도 여전히 사바나 초원 일부가 남아 있어 국립공원으로 지정되어 있다. 도시의 빽빽한 건물들로 둘러싸인 이곳을 지날 때 성큼성큼 뛰어가는 기린이 차창에 모습을 드러냈다. 도저히 공존할 수 없을 것만 같은, 도시와 자연이 함께하는 이 비현실적인 상황이 현실 속에 자리 잡고 있었다.

비완다니Viwandani 지구를 지날 때 또 하나의 충격적인 장면이 눈에 들어왔다. '키베라'라고 불리는 아프리카 최대의 빈민촌이었다.[14] 검은색 구정물이 고여 있는 개천, 낮은 야산을 이룬 각종 쓰레기 더미, 그 너머에 빽빽하게 들어찬 판잣집, 그리고 빈한한 행색으로 어슬렁거리고 있는 사람들…. 영상매체로 보았을 때는 그 안타까운 현실이 그저 관념적으로만 다가왔지만, 눈앞에 펼쳐진 실제 모습은 역한 냄새까지 더해져 나의 이성과 감성을 얼음장처럼 마비시켰다. 나이로비 인구 450만 명 중 약 60퍼센트가 바로 이런 빈민촌에 거주한다는 사실을 우리는 잘 모르고 산다. 지구촌의 불평등 문제가 얼마나 심각한지를 새삼 깨닫는 순간이었다.

시내 한복판에 위치한 나이로비 기차역에 도착했다. 이곳에는 시내/외 버스의 터미널과 커다란 시장이 붙어 있었는데 규모가 어마어마했다. 말이 터미널이고 시장이지 그냥 역 앞 노상에 수많은 버스가 정차해 있고, 상인들의 가판대가 어지럽게 놓여 있는 모습이었다. 인산인해의 광장에는 젊은 버스차장의 우렁찬 호객 소리와 베테랑 장사꾼들의 묵직한 호객 소리, 그리고 매연을 뿜어내는 버스의 엔진 소

기차에서 내다본 케냐 사바나 경관

리가 뒤섞여 그야말로 난장판이었다. 다행히 내 곁에는 든든한 보호자 레비트가 있었고, 그와 함께 걸으며 그들 삶의 현장을 오롯이 경험할 수 있었다. 레비트의 목적지로 가는 버스 앞에서 우리는 서로의 행운을 축복해주며 마지막 인사를 나누었다. 내가 쓰던 필통과 필기도구를 선물하는 것으로 감사의 마음을 전했다. 그도 역시 남은 망고젤리를 내게 주었다. 그렇게 우리는 헤어졌지만 지금도 SNS 메신저를 통해 계속 소식을 주고받고 있다. 기차가 맺어준 귀한 인연이다.

제4장

사바나에는
생명의 기운이 넘친다

세렝게티와 응고롱고로

사바나 기후의 특징을 한마디로 요약하면 계절에 따라 강수량이 크게 달라져 건기와 우기가 뚜렷이 구분된다는 것이다. 메마른 건기가 5개월 이상 길게 지속되기 때문에 목질을 이루지 않는 길쭉한 초본류의 식물이 넓게 퍼져 있고, 그 위에는 적은 수분으로도 견딜 수 있는 나무들이 드문드문 분포한다. 이는 초식동물에게는 물론이고 이 초식동물을 먹고 사는 육식동물에게도 더 없이 좋은 환경이다.

세계지도를 살펴보면 대체로 회귀선 안쪽의 해안지대와 저지대를 흐르는 대하천 주변에는 열대우림 기후와 열대몬순 기후가 나타나 열대우림이 들어차 있는 경우가 많다. 사바나 지역은 바로 그 같은 열대우림의 외곽 지역, 상대적으로 하천이 별로 발달하지 않은 곳에 넓게 펼쳐져 있다. 아프리카에서는 콩고분지 열대우림의 바깥 지역, 특히 그 동쪽으로 고도가 높아지는 동아프리카 지역이 가장 모식적인 사바나 지역이다. 빅토리아호에서 동쪽으로 이어진 세렝게티 초원이 바로 그곳이다. 앞서 빅토리아호에 눈길을 빼앗겼다면, 이제는 세렝게티의 드넓은 초원 속으로 깊이 들어가 다양한 동식물이 조화를 이루며 살아가는 독특한 자연환경과 더불어 그곳을 삶의 터전으로 삼아온 마사이 족을 만나볼 차례다.

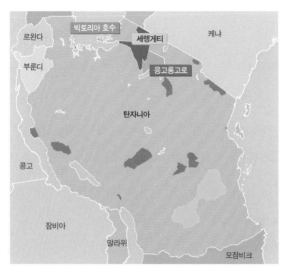

빅토리아호수 동쪽에 위치한 세렝게티와 응고롱고로 분화구

## 트럭을 타고
## 세렝게티의 황홀감 속으로

세렝게티 여행을 준비하면서 '트럭킹trucking'이라 불리는 색다른 여행
방법이 내 마음을 사로잡았다. 버스처럼 개조한 트럭에 텐트와 식재
료 등 야생의 캠프생활에 필요한 것들을 싣고 가이드의 인솔에 따라
여러 명이 팀을 이루어 여행하는 방식이다. 세렝게티에는 식수와 가
장 기본적인 편의시설을 제공하는 여러 개의 캠프장이 마련되어 있
어 이 같은 여행이 가능하다.

내가 합류한 트럭킹은 케냐인 가이드 1명과 차량 운전 및 관리 담
당자 2명, 그리고 세계 각국에서 온 12명의 여행자가 한 팀을 이루었

세렝게티 나바카 게이트

다. 여행자들은 4개 조로 나누어 식사 준비, 설거지, 솥 닦기, 트럭 세차 등의 공동 업무를 돌아가며 처리했다. 우리는 마치 탐험대의 '대원'이라도 된 것 같은 기분으로 직접 야생의 생활을 꾸려나갔다.

팀원 중 한 분은 어깨가 살짝 굽은 77세의 노인이었는데 그녀는 놀라운 여행'력'을 보여주었다. 겉모습과는 달리 비포장 도로의 요동도 달갑게 견뎌내면서 젊은이들과 똑같이 업무를 수행했다. 무엇보다도 가이드에게, 대원들에게 간간이 질문을 던지며 호기심을 충족해나가는 그녀의 모습은 감탄과 존경심을 불러일으켰다. 대원들을 인솔한 가이드도 현장에서 그때그때 깊이 있는 설명을, 저녁 식사 후에는 특강 형식으로 동아프리카와 세렝게티에 대한 상세한 지리와 역사를 술술 풀어주었다. 색다른 경험과 지식의 향연이 사바나의 하

세렝게티 소림장초 경관

늘에 풍성하게 피어올랐다.

　우리 팀은 빅토리아호에서 가까운 서쪽 관문 나바카Ndabaka 게이
트를 통해 세렝게티로 들어갔다. 하얀 뭉게구름을 품고 있는 파란 하
늘 아래 30센티미터는 족히 넘는 풀들이 빽빽이 자라고 있는 광활한
초원 위로 다부지게 뿌리 내린 관목과 드문드문 우산 모양으로 늠름
하게 서 있는 우산아카시아 나무, 그리고 평화롭게 노닐고 있는 다양
한 동물이 그림처럼 눈앞에 펼쳐졌다. 아주 가끔씩 나타나는 촛대 나
무(오채각Euphorbia ingens 나무)와 바오바브 나무도 눈길을 끌었다. '세렝게
티Serengeti'의 어원은 토착부족인 마사이족의 언어로 '끝없는 평원'을
뜻하는 '세린기트seringit'이다. 이 단어의 경쾌하고 상큼한 발음이 왠

촛대 나무

우산아카시아 나무

지 이 풍경에 잘 어울린다는 생각이 들었다.

내가 이곳에 도착했을 때는 초록과 갈색의 초원이 섞여 있는, 건기에서 우기로 계절이 바뀌어가는 시기였다. 수분을 머금은 초록의 풀이 생명을 잡아끌고 있는 반면, 갈색의 풀에는 아직 메마른 계절이 머물러 있었다. 마침 뭉게구름 너머로 먹구름이 밀려와 파랗던 하늘이 끄느름하게 변하더니 이내 비가 내리기 시작했다. 우기 초입의 스콜이었다. 빗줄기는 점점 강해져 요란한 소리와 함께 메마른 땅 위에 물길을 만들어냈다. 비를 맞으며 의연하게 서 있는 사바나의 나무와 동물들이 마치 흐릿한 흑백의 수묵화 속 한 장면처럼 고요하게 멈춰 섰다. 우리 일행은 경이로움을 넘어 묘한 황홀감에 빠져들었다.

## 사파리 투어,
## 육식동물과 초식동물의 평화로운 공존

세렝게티의 중앙에 위치한 세로네라Senorera 공용캠프장을 베이스캠프로 삼고, 다음 날부터 사파리safari* 투어에 나서기로 했다. 밤이 되자 근처에서 동물들의 스산한 울음소리가 들려왔는데 가이드는 캠

---

* '사파리'는 스와힐리어에서 파생한 단어로 '수렵'이라는 뜻이다. 하지만 지금은 지프차를 타고 이리저리 돌아다니며 야생동물 구경하는 여행이라는 의미로 전용되고 있다. 이러한 여행 방식을 세렝게티 현장에서는 '게임 드라이브Game Drive'라고도 부른다. 애플이 개발한 웹브라우저 '사파리'도 이러한 의미를 지니고 있다.

사파리 투어용 지프차 행렬

프에 가까이 오긴 하지만 안으로 들어오는 법은 없다며 우리를 안심
시켰다. 그럼에도 처음 들어보는 하이에나의 울음소리에 등골이 오
싹해지는 것은 어쩔 수 없었다.

사파리 투어에서 지프차 운전자 겸 가이드는 이른바 '빅 파이브'
를 찾아 움직이는데, 이는 쉽게 만나기 힘든 상위 다섯 동물, 즉 사
자, 표범, 코끼리, 코뿔소, 버팔로를 말한다. 하지만 실제로 버팔로나
코끼리는 쉽게 볼 수 있어서 빅 파이브가 상업적인 이유로 만들어진
건 아닐까 살짝 의심도 들었다. 찾기 힘든 표범을 찾아냈다고 의기양
양하거나 빅 파이브 찾기 목표를 달성한 후에 은근히 팁을 요구하는
가이드의 모습을 생각하면 꽤 합리적인 의심이 아닌가 싶다.

세렝게티라는 평화롭고 서정적인 장소는 굳이 빅 파이브가 아니
어도 모든 동물들의 자태를 우아하게 만들어낸다. 기린, 얼룩말, 하

마 등은 말할 것도 없고 하이에나조차도 그렇다. 가이드는 자기들끼리도 놀다가 상처가 나 피냄새를 풍기면 서로 싸우고 잡아먹는다며 하이에나의 잔인성을 설명했지만, 눈앞에 펼쳐진 장면은 적당한 거리를 두고 하이에나와 사슴이 각자 낭창하게 무리지어 있는 모습이었다. 텔레비전을 통해 주로 보았던 육식동물과 초식동물 간의 쫓고 쫓기는 달음박질과 피범벅이 되어 뜯고 뜯어 먹히는 장면들과는 너무도 다른 평화로운 정경이 펼쳐져 있었다. 이곳 사바나에서 그런 사나운 약육강식의 순간은 아주 가끔씩 관찰되는, 그래서 사파리 여행을 통해서는 좀처럼 보기 힘든 희귀한 장면일 뿐이다.

## 트로피 헌팅, 고약한 인간들에게 희생당하는 동물들

사실 약육강식의 가장 볼썽사나운 장면은 오히려 사람이 동물을 학살하는 '트로피 헌팅'이라 생각한다. 트로피 헌팅은 아프리카 지방정부에 많은 돈을 지불하고 사바나의 동물들을 실제로 사냥을 하는 것을 말한다. 잊힐 만하면 다시 뉴스에 등장해서 보는 이로 하여금 분노와 수치를 동시에 불러일으키곤 하는 이 트로피 헌팅은 동물생태계가 가장 잘 보존되어 있는 이곳 아프리카의 사바나 지역, 특히 보호구역의 경계 바로 바깥 지역에서 주로 이루어지고 있다고 한다.

통계에 따르면 트로피 헌팅으로 가장 많은 수익을 얻는 국가는 남

세렝게티의 사자 무리

아프리카공화국과 탄자니아이며, 트로피 헌팅 사냥꾼이 가장 많은 국가는 미국이다. 이들은 국제사회의 비난에도 아랑곳하지 않고 오히려 자신들이 지불한 많은 돈이 가난한 아프리카 사람들의 소득 향상에는 물론이고 국립공원의 야생 보호와 관리에도 적지 않은 도움이 된다고 주장한다. 또한 사냥은 국립공원 바깥의 허가 구역에서, 동물 중에서도 가장 큰(늙은) 동물을 사냥하기 때문에 생태계에 악영향을 미치지 않는다고 강변한다.

그러나 이들의 논리와 행태는 대단히 모순적이고 위선적이다. 사바나의 세계에서 큰(늙은) 동물은 일반적으로 그 종의 우두머리로서 역할을 하고 있고, 따라서 이들이 사라지면 그 무리의 생존기반이 취약해진다. 또한 국립공원 안에서는 사냥이 금지되어 있어 보통 그 경계 바로 바깥에 미끼를 놓아 유인하는 고약한 방식을 쓰기도 한다. 이런 교묘한 전략으로 과거에는 수많은 상아 코끼리가 희생되었으며 최근에는 검은색 갈기 사자가 인기있는 목표물이 되고 있다고 한다.

우리에게 잘 알려진 디즈니 애니메이션 속 사자들은 기품 있고 카리스마가 넘친다. 애니메이션 '마다가스카 시리즈'의 주인공인 갈색 갈기를 지닌 알렉스와 기품 있는 검은색 갈기를 휘날리며 세렝게티의 왕국을 다스리는 그의 아빠 쥬바, 〈라이언 킹〉에서 절벽 위 우람한 모습으로 서 있던 사자왕 무파사와 총명한 아들 심바까지, 사자들은 언제나 우두머리로서 사바나의 동물들을 늠름하게 지배하는 모습으로 그려졌다.

그런데 지금 여기 세렝게티에 만난 사자들은 그런 모습이 아니었다. 따가운 오후의 햇살을 피해 삼삼오오 모여 나른하게 널브러져 있다가 간혹 다리를 휘저으며 장난질을 쳤다. 우리 사파리 팀이 접근해도 그저 늘쩍지근하게 엎드려 멍하게 쳐다볼 뿐 그 눈빛에서 용맹스러움은 찾아볼 수 없었다. 그때 마침 가이드의 설명이 이어졌다. 사자 개체 수가 확실히 줄어들고 있다면서 트로피 헌팅도 영향을 미치기는 하지만, 그보다는 기후변화로 인해 초식동물의 이동 궤적이 달라져 사자들이 사냥에 어려움을 겪는 것이 더 큰 이유라 했다. 그 말을 듣고 보니 사자의 모습이 왠지 수척해 보이는 데다가 안쓰럽기까지 했다. 트로피 헌팅이든 기후변화든 결국 사람들이 자행하는 몹쓸 짓들이다. 인간의 이 어리석은 행위가 생명의 순환을 멈추게 할지도 모른다. 결국은 사람의 생명까지도.

## 사바나의 토착원주민,
## 마사이족

사파리 투어를 마치고 응고롱고로 분화구를 찾아가는 길에 한 무리의 가축을 몰고가는 마사이족 목동들을 만났다. 꽤 떨어진 거리였지만 긴 몸매와 붉은색 망토를 펄럭이는 모습에서 단번에 마사이족임을 알 수 있었다. 그러자 순간 막연한 두려움이 살짝 일어났다.

어린 시절 읽은 '김찬삼의 세계여행' 전집에 마사이족은 아프리카 흑인 중에서도 키가 가장 크고 심성은 매우 호전적이어서 용맹한 전사의 기질을 발휘해 사자조차도 맨손으로 때려잡는다고 나와 있었다. 그런 그들이었기에 식민지 시절에는 유럽인들이, 그 이전 시대에는 아랍인들이 아프리카를 휘저으며 노예를 잡아들일 때에도 이들만큼은 건드리지 못했다고도 했다. 이런 이야기가 머릿속에 각인된 탓에 마사이족을 보는 순간 선입견이 발동했던 것이다.

그런데 우리 트럭을 향해 양팔을 휘젓는 마사이족 젊은 목동들은 그저 건기의 막바지 뜨거운 뙤약볕을 무겁게 짊어지고, 사자나 야생의 동물과는 사뭇 다른 잘 길들여진 소 떼를 능란하게 몰고 있을 뿐이었다. 가까이 다가가니 검은색 피부로 감싸인 장대한 몸집이 강렬한 인상을 자아냈다. 유럽인들이 이들을 처음 보았을 때 느꼈을 그 감정을 상상해본다. 낯섦에서 느껴지는 위압감과 두려움, 외부인을 향한 경계의 눈빛, 아마도 그런 첫인상이 거친 야생의 환경에 얹어져 호전적 원시부족의 이미지가 만들어진 것은 아니었을까?

나 또한 세렝게티 여행을 마무리지었던 아루샤Arusha라는 도시에서 비슷한 느낌을 받은 적이 있었다. 아루샤 시내에서 택시를 타고 킬리만자로의 관문도시 모시Moshi로 가는 버스의 정류장까지 이동했다. 친절한 택시 운전사와 이야기를 나누며 이동하는 동안 나는 그가 어떤 종족인지 알지 못했다. 아프리카의 도시에서는 섞여 사는 다양한 종족들을 분간해 내는 것이 쉽지 않다. 목적지에 도착해 내가 요금을 지불하고 택시에서 내리자 그도 지나가던 친구와 인사를 나누기 위해 택시 문을 열고 나왔다. 그 순간 나는 그의 장대한 기골에 깜짝 놀랐다. 주변 다른 사람들의 키는 모두 그의 어깨 높이 정도밖에 닿지 않을 정도였다. 그때 비로소 나는 그에게 마사이족인지를 물어보았고, 그는 부드러운 미소와 함께 자신이 어렸을 때 초원에서 생활했던 마사이족이 맞다고, 그때 자기 동네 사람들은 대부분 아루샤에 들어와서 도시 사람이 되었다고 말해주었다.

마사이족은 탄자니아 북부와 케냐 남부에 걸쳐 있는 세렝게티 사바나 초원과 그 주변 일대에 약 30만 명 정도가 흩어져 있다고 한다. 이들 중 많은 수가 도시에서 문명화되어 살고 있지만, 아직 일부는 사바나 초지에서 전통 생활방식을 유지하며 살아가고 있다. 이들의 전통 주거지는 초원 한가운데 동그랗게 울타리를 친 마을로 이루어져 있고, 각각의 집은 진흙과 소똥을 이겨 만든 벽에 고깔 모양의 풀더미로 지붕을 얹은 흙집 형태다. 우리가 탄 트럭이 그중 한 마을로 들어갔다.

원주민 마을이라고는 하지만 이 마을 사람들도 관광객의 방문을

세렝게티 초원에서 만난 마사이 마을

생존의 한 방식으로 택한 듯했다. 마을로 들어서자 이미 준비하고 있던 각종 장식품을 몸에 달고 일렬로 도열한 사람들이 우리를 맞이했고, 여자들은 전통 노래를 부르며 어깨춤을 추고, 장대한 체구의 남자들은 경직된 얼굴로 제자리에서 껑충껑충 높이뛰기를 반복했다. 순수한 환대가 아닌 무언가를 욕망하는 눈빛이 읽혔다. 원주민 그 자체가 아닌 '직업이 원주민'인 사람들을 만나는 일은 언제나 낯설고 불편할 수밖에 없다.

마을로 들어가기 전에는 이런 일도 있었다. 응고롱고로 분화구의 능선 초지에서 염소를 몰고 다니며 풀을 먹이는 마사이족 목동을 만났는데 그는 휴대폰을 들고 통화를 하고 있었다. 문명의 이기가 이 넓디넓은 사바나 초원에서 참으로 유용하게 쓰이겠구나 싶었다. 그

마사이족 목동

모습을 카메라에 담고 싶어 사진 촬영해도 되겠냐고 물었다. 그는 흔쾌히 허락하며 포즈까지 취해주었다. 그러나 촬영이 끝나자 바로 당당하게 그 비용을 요구하며 다섯 손가락을 펴서 들이밀었다. 미국돈 5달러를 내라는 것이었다. 허탈하고 난감했다.

어찌 이런 일이 벌어지게 된 걸까? 그들이 문명화되면서 자본의 맛을 알게 되었음을 비난해야 하는 걸까? 어쩌면 그들 삶에 깊이 관여해 모든 것을 바꿔놓고는 진짜 모습이 아니라고 실망하는 우리들의 이중적인 태도가 오히려 더 큰 문제 아닐까?

마사이족 마을을 둘러보며 나오는 길에 가이드는 마사이족에 대한 외부의 왜곡된 이미지를, 특히 여성들의 고단한 삶을 통해 지적해주었다. 전통의 삶을 고수하는 이 종족집단에서는 일부다처제가 여전히 보편화되어 있다. 결혼과 이혼 문제는 여성 당사자의 의지와는 전혀 무관하게 진행된다. 결혼은 가축을 대가로 강제로 이루어지고, 이혼은 당연히 불가하다. 만약 남편과 사별한다 해도 남편의 형제에게 맡겨지는, 일종의 인신매매와 다르지 않은 일이 버젓이 벌어지고 있다며 가이드는 단호하게 비판했다.

더군다나 마사이족 여성에게 부여된 노동의 양과 강도는 남성에 비해 훨씬 가혹하다고 한다. 성별 분업이라고 단순하게 말하는 것은 잘못됐다고, 성별 불평등이 너무도 심하게 고착화되어 있다고 가이드는 조근조근 사례를 들어가며 이야기해주었다. 이들의 고단한 삶은 짧은 평균수명을 통해 그대로 드러난다. 동아프리카 흑인들의 전체 평균수명이 대체로 60대이고, 마사이족은 그보다 조금 더 짧다고 한다. 하지만 그건 양호한 편이었다. 마사이족 여성의 평균수명은 50세가 채 안 된다.

마사이족이라고 하면 떠올리는 우람한 체격과 용맹한 전사의 기질 같은 남성적 이미지는 내부의 억압받는 여성들의 고통스러운 현실을 덮어버린다. 나이로비에 거주하는 도시화된 키쿠유족* 출신 싱글맘인 가이드의 나긋나긋하면서도 당차게 쏟아내는 이야기를 통해 고통과 희망이 교차하는 동아프리카 여성들의 현실을 어렴풋이 깨달을 수 있었다.

---

* 케냐의 수많은 토착종족 중 가장 큰 비중을 차지하는 종족이다. 특히 나이로비 시내와 주변 지역에 가장 많이 모여 살며 근대화, 도시화를 가장 많이 받아들인 종족이다.

## 모든 것을 삼켜버린 화산이
## 생명의 터전으로

세렝게티의 동쪽 끝 초원지대를 지나면 고도가 완만하게 높아지며 색다른 지형이 펼쳐진다. 그 오르막의 끝자락에 있는 응고롱고로 Ngorongoro 세네토Seneto 초소에 도착했다. 차에서 내려 천천히 걸어서 산등성이에 다다른 순간 소름 돋는 장엄한 풍경에 넋을 잃고 말았다. 해발 약 2,400미터 높이의 정상에서 내려다보는 응고롱고로 분화구! 직접 보지 않고는 믿기 어려운, 광각 카메라로도 전체 모습을 한 컷에 담을 수 없는 엄청난 규모의 장관이 펼쳐지는 곳이다. 정신을 가다듬고 해바라기처럼 고개를 쳐들어 천천히 돌려가며 함몰 지형 전체의 모습을 관찰했다. 두터운 구름층 사이 송송 뚫린 구멍을 뚫고 여러 갈래의 하얀색 햇살이 예리한 직선으로 분화구의 바닥에 내리꽂히고 있었다. 너무 멀어 식별은 안 되지만 점점이 박혀 있는 동물들의 모습이 무채색의 강렬한 질감으로 머릿속에 각인되었다.

　나는 이곳에 꼭 와보고 싶었다. 사진이나 영상을 통해 본 화산 지형의 특이하고 웅장한 자연경관 속에서 다양한 동물이 뛰놀고 있는 모습에 매료되기도 했지만, '응고롱고로'라는 지명이 참으로 매력적이었기 때문이다. 이 어여쁜 지명은 일종의 의성어로 마사이족이 소떼를 몰고 갈 때 그 리더가 되는 소의 목에 단 워낭이 울리는 소리인 '응고르 응고르'에서 유래했다고 한다. 이토록 절묘한 이름이라니! 마치 정지해버린 것 같은 압도적인 자연환경 속에 아주 느리게 움직

세네토 초소에서 내려다본 응고롱고로 분화구

이는 저 멀리의 동물들에게서 '응고르 응고르' 울림소리가 아련하게 들리는 것만 같았다.

이 분화구는 지름이 18~21킬로미터 정도이며, 주변 산지를 포함한 면적은 8,000제곱킬로미터가 넘는 세계 최대의 칼데라caldera*다. 같은 칼데라 지형인 백두산 천지나 울릉도 나리분지의 지름이 기껏해야 1~4킬로미터 정도인 점과 비교해보면 얼마나 엄청난 규모인지 짐작할 수 있을 것이다. 이 분지(해발 1,700~1,800미터)의 가장자리는 산으로 빙 둘러싸여 있는데, 그 높이가 약 600미터로 급경사를 이룬다.

저 아래 분지의 바닥까지는 급경사의 좁은 길 몇 개가 일방통행으

---

\* 칼데라는 위로 돌출한 화산의 정상부가 폭발하면서 마그마가 분출하고, 원래 마그마가 있던 자리는 함몰해 움푹 파인 모습으로 형성된 분지를 말한다. '칼데라'라는 용어 자체는 '솥', '냄비'를 뜻하는 포르투갈어 칼데리아calderia에서 유래했다.[15]

응고롱고로 마가디 호수의 하마 무리

응고롱고로의 타조

응고롱고로의 흰색 코뿔소

응고롱고로의 하이에나

로만 개설되어 사륜구동 차량만 통행이 가능하다. 비포장의 통행로는 가파른 산비탈에 빽빽이 들어찬 나무와 풀들 사이로 뚫려 있는데 사륜구동 차량이 이 길을 달릴 때면 심하게 요동치며 승객들의 얼굴과 몸통이 서로 반대 방향으로 뒤틀리곤 한다. 그래도 색다른 모양의 식물들을 보는 재미, 저 멀리 분지의 넓은 초원에서 한가로이 노니는 다채로운 동물들을 바라보는 재미가 있기에 기꺼이 견딜 만하다.

마침내 바닥에 이르렀을 때 가장 먼저 눈에 들어온 것은 타조였다. 며칠간 세렝게티를 누비고 다니던 중에도 전혀 볼 수 없었던 타조가 이곳 넓은 초원에 우뚝 서 있었다. 한국의 타조농장에서 보았던 여러 마리가 폴짝폴짝 뛰어다니는 모습과는 차원이 달랐다. 검은색 동그란 몸통과 분홍색 다리와 목을 길쭉하게 뻗고 있는 우아하고도 기품 있는 귀공자의 모습이었다. 카메라 줌렌즈로 당겨보았다. 말갛게 부라리는 그 눈망울은 까불지 말라는 듯 정확히 나를 향하고 있었다. 타조의 시력은 무려 25.0이란다. 생각해보면, 동물의 왕국 같은 티비 프로그램에서 타조가 육식동물의 사냥감이 되어 잡아먹히는 장면을 본 적은 없는 것 같다.

타조뿐 아니라 사자, 하이에나, 얼룩말, 누, 사슴 등 세렝게티의 모든 동물이 각자의 자리에서 한가로운 시간을 보내고 있었다. 멸종 위기에 처한 흰색 코뿔소도 가까이에서 볼 수 있었고, 건기를 거치면서 물이 말라 면적이 줄어든 마가디호Lake Magadi에는 하마들이 다닥다닥 붙어 물속에 엎드려 있었다. 이곳에서 볼 수 없는 동물이 딱 하나 있었는데, 바로 기린이다. 워낙 급경사의 산비탈이라 이동이 불가능했던 모양이다.

분화구 안에서도 가장 낮은 지역에는 물이 고여 작은 호수를 이루고 있고, 그 주변으로는 어마어마한 넓이의 초원이 펼쳐져 있다. 그리고 이를 둘러싼 산지들은 동그랗게 이어져 뭉게구름을 머리에 인 채 초원을 포근하게 감싸고 있다. 그 안에서 아름다운 생명들이 저마다 평화롭게 공존한다.

한 폭의 그림 같은 이 고요하고 아늑한 낙원을 바라보며 처음에는 무시무시한 불덩어리와 가스가 뿜어져 나왔던 거대한 화산 분출구였다는 사실을 떠올릴 수 있는 사람이 얼마나 될까? 거대한 화산 분출로 모든 것이 사라졌으나 자연은 그 땅 위에 이토록 아름다운 생명을 다시 싹틔웠다. 그 경이로운 자연순환의 흐름 속에 우리 인간은 그저 먼지 같은 존재가 아니겠는가.

# 제5장

# 열대에도 온화하고
# 시원한 곳이 있다

열대의 고산지대

높은 산을 올라본 사람이라면 위로 올라갈수록 점점 더 기온이 낮아지고 날씨 변화도 심해지는 경험을 해본 적이 있을 것이다. 우리나라에서 마치 열대우림 기후처럼 찜통더위가 기승을 부리는 7~8월에 대관령의 안반데기에 올라 일명 '배추로드'라 불리는 길을 걸어보라. 1,000미터 정도의 높이에 올록볼록 부드러운 곡선으로 펼쳐진 배추밭과 그 정상에 서 있는 풍력발전 시설이 눈을 시원하게 해준다. 눈만 시원한 게 아니다. 기온도 대략 섭씨 5도 정도는 낮아 피부에 닿는 공기가 확실히 시원하다. 동해안에 근접한 이곳은 여름철에도 기류의 움직임이 활발해 안개가 자주 끼는데 이런 날에는 깜짝 놀랄 만큼 서늘할 때도 있다.

이처럼 고도가 상승하면 기온이 떨어지는 현상은 지구상의 모든 산악지역에서 예외 없이 나타난다. 그래서 같은 위도에 있더라도 고도가 다르다면 기후도 달라지기 마련이다. 이런 특성을 반영한 기후를 '고산기후alpine climate, 高山氣候'라고 하며, 크게 저위도(열대) 고산기후와 중위도(온대와 냉대) 고산기후로 구분한다. 이 중 우리가 주목할 것은 저위도(열대) 고산기후다.

# 일 년 내내 봄 기운이 넘치는
# 저위도 열대 고산지역

저위도 고산지역에서는 100미터 상승할 때마다 대체로 섭씨 0.5~ 0.7도 정도씩 기온이 떨어지는데, 이에 따라 고도가 높은 산지에서는 열대우림부터 빙하에 이르기까지 기후와 자연경관의 차이가 분명하게 나타난다. 또한 고도가 상승하면 기온의 연교차는 작아지고 일교차는 상대적으로 커지게 되는 현상도 흥미롭다. 저위도 지역에서 대략 고도 1,000~3,000미터 정도의 산 중턱이나 고원 지대에는 일명 '상춘 기후常春氣候', 즉 일 년 내내 봄인 기후가 펼쳐진다. 이곳에서는 기온의 연교차가 작아지고 연평균 섭씨 15~25도 내외의 온화한 날씨가 지속되어 같은 위도상의 저지대와 크게 대비된다. 이 같은 색다른 기후는 식생과 농업은 물론이고 자연환경에 의지해 살아가는 현지인의 삶의 방식과 문화경관에도 차이를 만들어낸다.

현지인들의 실제 삶의 모습을 통해 상춘 기후의 특징을 짐작해보자. 멕시코 콜리마 대학교의 림수진 교수가 자신이 살고 있는 쿠아우테목Cuauhtemoc이라는 동네에 관해 SNS에 아래와 같은 글과 사진(2021년 8월 11일)을 올린 적이 있다. 동의를 얻어 여기에 적어본다.

Cuauhtemoc
일 년 열두 달…
최고기온은 대략 섭씨 25도에서 27도 사이

상춘 기후가 나타나는 멕시코 쿠아우테목(사진: 림수진 교수)

최저기온은 대략 섭씨 17도에서 19도 사이

북위 19도33분, 서경 103도

그리고 해발고도 약 1,100미터가 만들어내는 조합이다.


일 년 내, 일교차가 있을 뿐 연교차는 거의 없다.

일 년 내, 창을 열면 냉방이요 창을 닫으면 난방이다.


전기요금은 한 달에 3,000원을 넘어선 적이 없다.

두꺼운 옷 필요 없이 긴 셔츠 한 장이면 일 년을 난다.

아침엔 긴팔로, 낮엔 걷어서 반팔로, 그리고 다시 저녁엔 내려서 긴팔로.

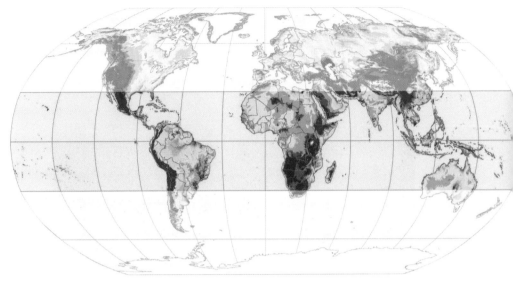

세계의 해발고도(도판 출처: 나사 사회경제데이터응용센터(SEDAC))

그래도 겨울이 되면 최저 섭씨 12도 혹은 13도까지 내려가니

연교차가 아주 없는 것은 아닌 것 같다.

12월이나 1, 2월에는 가끔 스웨터도 한 장쯤 필요하다.


아무래도 일 년 내… 산책을 하기엔 최적의 곳이다.

오늘처럼 어쩌다 한 번씩… 아침부터 이슬비가 내리는 날을 빼곤…


　여행자들은 이곳의 맑은 하늘과 작열하는 태양 빛에 감탄하곤 한

다. 하지만 공기 밀도가 상대적으로 낮은 만큼 자외선 지수는 높아

이에 대한 대비가 필요하다. 토착민의 피부가 짙은 갈색인 것은 이러

멕시코 고산도시 산 후안 차물라(치아파스주)

한 이유 때문이다. 그들도 직사광선을 막고 체온 유지를 위해 챙이 넓은 큰 모자와 망토를 착용하는 전통문화를 발전시켰다. 멕시코의 상징과도 같은 전통음악 밴드 마리아치의 복장을 떠올려보라.

세계지도에서 저위도(열대) 고산기후가 나타나는 곳들을 찾아보자. 열대 기후가 나타나는 회귀선 안쪽 저위도 지역 중에서 짙은 갈색으로 표시된 산악지역이 바로 그곳들이다. 열대 기후가 펼쳐져 있는 3개 대륙(중부아프리카, 동남아시아, 라틴아메리카)의 저위도 지역에는 공교롭게도 그 대륙 전체에서 가장 높은 산들이 솟아 있다. 아프리카의 킬리만자로산, 동남아시아의 코타키나발루산, 라틴아메리카의 침보라소산이 그것이다.

사바나 초원과 하얗게 빛나는 킬리만자로산

## 킬리만자로산과
## 아프리카의 고산지대

아프리카 최고봉인 킬리만자로산(5,895미터)은 동아프리카 열대(남위 3
도)의 사바나 초원에 우뚝 솟아 있다. 먼 발치에서도 시선을 확 잡아
끄는 하얀 빙하의 정상부와 열대사바나의 이국적인 풍경이 펼쳐진
저지대가 극명한 대조를 이룬다.

　'킬리만자로kilimanjaro'는 스와힐리어로 '하얀 산', '빛나는 산'이라
는 뜻으로, 현지에서는 간단하게 '킬리'라는 예쁜 약칭으로 부르곤

한다. 그런데 안타깝게도 이 산의 가장 큰 빙하였던 푸르트벵글러 Furtwangler는 지난 100년간 지구온난화로 인해 90퍼센트 이상이 사라졌으며 향후 20년 내로 완전히 자취를 감출 것이라 한다. 산을 바라보며 '하얗게 빛나는' 아름다운 산을 잃게 된다고 생각하니 여행자로서의 단순한 안타까움은 말할 것도 없거니와 지구온난화로 우리 인류의 삶이 위기로 치닫고 있다는 두려운 마음을 거둘 수가 없었다.

킬리만자로를 포함해 범위를 넓혀 저위도 아프리카 전체지도를 살펴보면, 동아프리카와 서아프리카의 색깔이 분명히 다르게 표시된 것을 볼 수 있다. 동아프리카 쪽이 훨씬 더 진한 갈색으로 나타나는데 앞서 살펴봤듯이 남북으로 아주 길게 뻗어 있는 지구대가 동아프리카 쪽에 치우쳐 지나가고 있기 때문이다. 이에 따라 동아프리카의 고도가 더 높고 따라서 기온도 상대적으로 더 낮게 나타나는 경향이 있다. 고도가 높아지면 기온이 떨어질 뿐만 아니라 공기의 밀도도 낮아진다. 이러한 자연현상은 사람들의 삶에도 당연히 큰 영향을 끼친다.

예를 들면, 세계 마라톤 대회를 주름잡는 호리호리한 체형의 흑인들이 주로 케냐, 탄자니아, 에티오피아 등 동아프리카 지구대에 있는 국가 출신이라는 점이 흥미롭다. 이들은 고도 1,000미터 이상의 드넓은 사바나 초원에서 오랫동안 살아오면서 큰 키와 긴 다리를 갖게 되었고, 또한 고산지대의 상대적으로 부족한 산소량에 적응하면서 높은 수준의 폐활량과 심장 기능을 갖추게 되었다. 마라톤 선수로서 이상적인 신체가 아닐 수 없다. 2022년 현재 남자 마라톤 공인 세계신기록(2시간 1분 09초)을 보유하고 있는 킵초게 선수 역시 케냐의 칼렌진족 출신이다. 마라톤을 포함한 육상 장거리 종목에서 케냐 선수들이 두각을 나타내고 있는데, 그들 대다수가 칼렌진족 출신이라고 한다. 이 부족은 동아프리카 지구대에 포함된 케냐의 엘도레트Eldoret를 중심으로 그 주변지역 일대에 거주하는데 이곳의 고도는 2,000~4,000미터에 이른다.

나는 아프리카의 고산기후를 빅토리아호와 세렝게티로 가기 전 들렀던 고산도시, 케냐의 키시Kisii에서 경험할 수 있었다. 적도 근처 고도 약 1,700미터의 고산지대에 위치한 이 도시는 기온의 계절차가 거의 없이 연평균 섭씨 18도 정도로 쾌적한 날씨를 보인다. 살갗을 간지럽히는 은은한 햇살과 가벼운 산들바람은 무더위로 지쳐 있던 내 몸에 활력을 불어넣었다. 두둥실 떠가는 뭉게구름이 드리운 그늘 속에서 따사한 햇살이 비옥한 농경지와 초록빛 숲을 한아름 품고 있는 모습을 보며 머리와 마음속 긴장감이 사르르 풀려버렸다.


## 침보라소산과
## 아메리카의 고산지대

이번에는 아메리카 대륙으로 넘어가보자. 안데스산맥이 태평양에 인접해 남북으로 좁고 길게 이어져 짙은 갈색으로 표시된 모습이 보인다. 특히 회귀선 안쪽에서는 서쪽(태평양)의 안데스 산지와 중앙부

다채로운 기후와 식생이 펼쳐지는 침보라소산

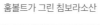

훔볼트가 그린 침보라소산

및 동쪽의 아마존 저지대가 극명하게 대비를 이루고 있다. 이렇게 안데스 산지는 태평양의 해수면에서 6천 미터 이상의 정상에 이르기까지 급격하게 고도가 상승한다. 앞서 설명했듯이 고도 상승은 열대우림에서 빙하에 이르는 기후와 식생 환경의 차이를 만들어낸다.

이러한 자연현상은 자연지리학과 식물학의 아버지라 불리는 알렉산더 폰 훔볼트가 1802년에 최초로 제시했다.[*] 그는 유럽인 최초로 적도가 지나가는 에콰도르의 키토에서 남쪽으로 150킬로미터 떨어진 침보라소산에 오르며 기후와 식생의 변화를, 그림을 그려 그 위에 깨알같이 적어놓았고, 이를 체계적으로 분석했다.[16] 인터넷에서 '침보라소'를 검색해보면 이 산이 얼마나 웅장하게 솟아 있는지, 얼마나 다채로운 기후와 식생이 펼쳐져 있는지 여러 영상을 통해 쉽게 확인할 수 있으니 한번 찾아보기 바란다. 어떤 매력이 여행자 훔볼트를 그토록 잡아끌었고, 그에게 어떤 영감을 불어넣었는지도 상상해보라.

침보라소산은 해발고도가 6,263미터지만, '세계에서 가장 높은' 산이다. 에베레스트산이 있는데 이게 대체 무슨 소리일까? 흔히 산의 높이는 해수면을 기준 삼아 해발고도로 표시한다. 이 기준에 따르면 에베레스트산이 해수면으로부터 8,848미터 높이로 치솟아 있어 가장 높은 산인 것이 맞다. 그런데 해수면이 아닌 지구 중심점으로부

---

[*]  훔볼트는 당대 전 세계를 여행하며 지구의 자연지리적 지식을 축적하면서 인문학적 성찰과 해석을 이루어나가 과학의 발달에 큰 공헌을 했다. 그의 업적은 현대의 여행자들에게도 흥미롭고 유용한 정보로서 여전히 가치가 높다.[17]

터 거리를 산정하면 세계에서 가장 높은 산은 침보라소산이다. 왜냐하면 지구가 자전함에 따라 적도의 지표면은 두툼하게 부풀어 올라 있어 지구 중심점에서 길이를 재면 더 길기 때문이다. 즉 우주에서 바라본다면 지구에서 가장 돌출된 지점이 바로 이 산의 정상부인 것이다.* 에콰도르 원주민들은 이 산을 '신과 가장 가까운 곳'이라 하여 신성하게 여긴다.

## 같은 위도 다른 기후

안데스 같은 높은 산지야 말할 것도 없겠지만, 그보다 훨씬 작은 고도의 차이에서도 우리가 오감의 안테나를 세우고 주의를 기울여본다면 자연경관이 크게 달라지는 신기하고 재밌는 경험을 할 수 있다. 예를 들면 브라질의 리우데자네이루와 상파울루는 같은 위도대에 있지만 상당히 다른 기후를 보여준다.

내가 리우데자네이루에 도착한 것은 6월 중순으로 남반구의 겨울이 시작되는 시기였다. 그렇지만 대서양 연안의 남회귀선상에 있는, 즉 열대의 끄트머리에 있는 이 도시는 적도에서 밀려 내려오는 난류(브라질 해류)의 영향을 받아 열대사바나 기후대에 속해 있어 따뜻한

---

\* 만약 해수면이 아닌 해저면을 기준으로 한다면, 즉 수평선이 아니라 바다 아래 밑바닥에서부터 높이를 따진다면 어떨까? 이 기준으로는 하와이의 마우나케아Mauna Kea산이 가장 높은 산이 된다. 이 산의 해발고도는 4,207미터에 불과하지만, 해저면에서 시작하는 높이는 10,205미터에 이르니 말이다.

기운이 감돌았다. 그 유명한 코파카바나 해변에 서 있으니 섭씨 25도의 맑은 바람이 뺨을 스쳤다. 서핑과 수영을 즐기는 사람들 모습도 여유로워 보였다. 반면, 이 해안에서 내륙으로 불과 30여 킬로미터 정도 떨어져 있는 같은 위도대의 상파울루에 도착했을 때는 뺨에 닿는 바람의 기운이 꽤나 서늘하게 느껴졌다. 섭씨 15도로 리우데자네이루와는 10도 차이가 났다. 상파울루가 해안에서 급경사를 이루는 산지의 약 800미터 고원에 위치해 있기 때문이었다.

대서양 해안에 가까이 있는 두 도시가 고도차 때문에 각각 열대사바나 기후와 온대습윤 기후(일종의 상춘 기후)를 보인 것이다. 이런 이유로 식생의 종류에도 상당한 차이를 보인다. 대표적인 것이 커피로, 흔히 브라질 하면 커피를 떠올리는데 이는 아마존이나 대서양 연안의 열대 지역이 아니라 상파울루를 포함한 브라질 고원지대, 즉 상춘 기후 지역에서 주로 생산된다. 이곳의 연중 따스한 기온과 테라로사라고 하는 유기질의 붉은색 토양 덕분이다.


## 키나발루산과
## 동남아시아의 고산지대

아시아의 열대에도 곳곳에 흩어져 있는 고산 지역이 독특한 기후와 자연경관을 연출한다. 그중 보르네오 섬 말레이시아의 키나발루산은 킬리만자로산이나 침보라소산처럼 적도에 아주 가깝게 위치해

키나발루산과 키나발루 국립공원

있다. 4,095미터 높이로 동남아시아 최고봉인 이 산은 매년 30만 명 이상의 한국인이 방문하는 유명한 휴양지 코타키나발루Kota Kinabalu 에서 불과 90킬로미터 정도 떨어져 있다. 하지만 2018년 기준 이 산에 오른 한국인 여행자는 고작 1,500명 남짓이라고 하니, 아직까지 우리에게 그리 잘 알려진 산은 아니다.

키나발루산과 그 주변 지역에는 잘 보전된 뛰어난 자연경관이 펼쳐져 있어 2000년에 유네스코 세계자연유산으로 등재되었다. 저지대에는 당연히 열대우림이 울창하게 들어차 있고 그 위로 6개의 서로 다른 생태지역이 고도에 따라 차례로 다채롭게 펼쳐져 있다. 이로 인해 등정 길은 고되고 힘들어도 시시각각 달라지는 기후와 자연경관을 직접 체험하는 묘미를 맛볼 수 있다. 만약 산에 오르는 것이 부담스럽다면, 산 아래 쉽게 접근이 가능한 식물원이나 노천 온천이 있으니 이곳에서 흥미로운 자연경관을 즐기는 것도 좋겠다.

이 외에 아시아의 대륙부에도 동남아시아와 중국의 경계지역에 걸쳐 아주 넓은 산악지역이 자리 잡고 있다. 대략 북위 20도에 있는 이곳은 흔히 '골든 트라이앵글'이라고 불리는데, 해발고도는 1,000미터 이상으로 태국, 라오스, 미얀마, 중국과 접경지역을 이룬다. 우리에게도 휴양지로 제법 알려진 태국의 치앙마이, 치앙라이와 베트남의 사파 등도 여기에 속한다. 동남아시아라고 하면 흔히 덥고 습한 기후를 떠올리지만 이곳 고산지대는 상대적으로 선선해 우리 같은 중위도 출신 여행자가 활동하는 데 별 어려움이 없다. 또한 이곳은 다양한 소수종족이 저마다의 터전을 점유한 채 지금까지도 고유한 문화를 이어오고 있어 인기 있는 여행지로 자리 잡았다.

사실 이곳은 저지대보다 상대적으로 선선하면서도 계절풍의 영향을 받아 강수량이 풍부해 전통적으로 농사가 잘되는 환경을 가지고 있다. 게다가 산악지역이지만 메콩강 등 유량이 풍부한 여러 개의 하천이 북쪽으로부터 흘러내리고 있어 오랫동안 여러 소수민족의 터전으로서 이어져 오고 있다. 이 하천들을 따라 상류로 거슬러 올라가면 히말라야산맥의 북쪽 티베트고원으로 이어진다. 이것이 바로 중국정부가 오랜 갈등을 빚어오면서도 티베트고원을 절대 포기할 수 없는 이유다. 즉, 열대아시아(동남, 남부 아시아)로 흘러 내려가는 대하천의 수원지로서 지정학적으로 매우 중요한 지역이기 때문이다.

# 힐스테이션,
## 식민지배세력의 고산지대 활용법

열대의 고산지대는 과거 유럽 식민지배 세력들에게 대단히 매력적인 곳이었다. 저지대의 덥고 습한 열대 기후가 유럽인들에게는 견디기 어려운 환경이었던 데 반해 고지대의 상춘 기후는 그들이 활동하기에 알맞은 환경이었기 때문이다. 이러한 이유로 열대의 저지대에 원주민들이 밀집한 전통 토착도시를 초기 식민통치의 행정중심지로 삼았던 유럽인들은 점차 안정기에 접어들면서 휴식과 위락을 위한 휴양도시를 고산지대에 건설하게 된다. 온화한 환경을 지닌 이러한 도시를 '힐스테이션hill station'이라 한다. 특히 저지대 전통 토착 행정 중심지의 우기가 견디기 어려울 정도로 덥고 습해지면 그 기간 동안 일시적으로 도시행정 기능을 아예 힐스테이션으로 옮겨 일종의 계절 수도를 운영하기도 했다.[18]

이 같은 저지대의 토착도시와 고지대의 힐스테이션이 세트를 이루는 사례는 식민지배를 겪은 전 세계 열대 지역 곳곳에서 찾아볼 수 있다. 특히 열대 아시아에 그 사례가 풍부한데, 인도의 콜카타와 다즐링, 델리와 심라, 베트남의 호치민(옛 사이공)과 달랏, 다낭과 바나힐, 말레이시아의 쿠알라룸푸르와 카메론, 인도네시아의 자카르타와 반둥이 대표적이다.

힐스테이션은 선선한 기후와 그에 따른 산뜻한 자연경관과 수려한 전망으로, 오늘날 여행자들의 눈길도 사로잡고 있다. 상춘 기후가 수놓은 향기로운 커피 농장이나 양지바른 남사면에 펼쳐지는 부드러운 차밭의 곡선미 또한 압권이며, 토착민들의 전통문화 위에 새겨놓은 유럽 식민세력의 문화와 경관도 색다른 볼거리를 제공한다. 대표적인 힐스테이션인 베트남 달랏에서는 이 모든 것을 경험할 수 있다.

## 프랑스 식민지배자들의 힐스테이션, 베트남 달랏

100년 전 식민지 시절, 프랑스령 인도차이나 총독부가 있던 호치민의 열대 기후는 프랑스 식민지배자들이 활동하는 데 많은 어려움을 주었다. 그래서 안남산맥의 남쪽 끝자락에 달랏이라는 힐스테이션을 새로 만들었다. 이곳은 호치민에서 무려 300여 킬로미터나 떨어져 있는데, 호치민이 메콩강 하구의 광활한 삼각주에 위치해 있어 가까운 주변에 높은 산이 없었기 때문이었다. 그나마 이곳이 가장 가까운 산악지역이었던 것이다. 그들은 이곳을 "어떤 이에게는 즐거움을, 어떤 이에게는 신선함을Dat Aliis Laetitiam Aliis Temperiem"이라는 라틴어 문구로 표현했고, 결국 이를 축약해 달랏DaLat이라는 지명을 공식화했다.

　내가 달랏으로 여행을 떠난 것은 2016년 1월 초였다. 호치민 공항에서 1시간 비행 후 달랏 공항에 도착해 택시를 타고 시내로 이동했다. 900미터 고도에 위치한 공항에서 산복도로를 굽이굽이 돌아 오

베트남 달랏의 도시 전경과 쑤언흐엉 호수

베트남 달랏의 커피 농장

르며 30분 정도 달리니 1,500미터 고도의 달랏 시내에 이르렀다. 그때 베트남의 다른 곳에서는 볼 수 없었던, 하지만 한국인에게는 낯익은 소나무 숲이 눈에 들어왔다. 이곳은 베트남 남부 지역의 유일한 소나무 군락지라고 한다. 완만한 경사지 곳곳에 황톳빛 채소밭과 화훼용 비닐하우스가 보였다. 반면 베트남이라면 으레 있을 법한 벼농사를 짓는 모습은 보이지 않았다. 이곳은 다른 베트남 지역과는 많이 다른 '봄의 도시', '꽃의 도시'로 알려져 있다.

기온은 섭씨 20도로 호치민에 비해 확실히 선선했다. 쾌적한 산들바람을 맞으며 제일 먼저 커피농장을 찾아갔다. 베트남은 세계 2위의 커피 생산국으로, 전체 생산량의 약 절반가량이 이곳 달랏에서 생산된다. 상춘 기후는 커피 생산의 적지다. 온화한 기온, 충분한 일조량, 적당한 강수량, 열대의 1,000미터 이상의 고도, 그리고 비옥한 토양까지 달랏은 이 모든 조건을 갖추고 있다.

비옥한 화산토로 이루어진 완만한 산비탈에 줄지어 서 있는 커피나무가 널찍한 호수에 투명하게 드리워지고, 그 너머에는 알록달록 삼각형 지붕의 농가들이 점점이 박혀 있었다. 달랏을 둘러싼 산들이 아늑하게 품고 있는 이 같은 경관을 커피농장의 전망대 카페에서 내려다보았다. 참으로 평온한 광경이었다. 베트남 방식으로 걸러내 연유를 섞어 만든 커피, 그 진하고 끈적한 맛과 향이 청명한 전망을 담아내어 더욱 강렬하게 식도를 타고 내려갔다.

달랏 시내 한복판에는 에메랄드빛 쑤언흐엉 호수가 위로는 푸른색 하늘을 이고 둘레에는 초록색 소나무를 거느린 채 시원하게 찰랑

성니콜라스 성당(달랏)

거리고 있었다. 둘레가 5킬로미터에 이르는 이 호수는 19세기 말 프랑스 식민시대에 만들어진 인공호수다. 호수의 서쪽 끝자락에는 파리의 에펠탑을 연상시키는 달랏 전신탑(일명 달랏 에펠탑)이 날씬하게 서 있었는데 프랑스에 온 듯한 느낌은 그 주변으로 이어진 골목길을 따라 계속 이어졌다. 꽃 장식으로 화사하게 치장된 프랑스 풍의 산뜻한 건물들을 따라 예쁜 카페와 식당이 아기자기하게 늘어서 있었다.

유명하다는 와인하우스에 들렀다. 와인 없이 못 산다는 프랑스인들이 베트남을 식민지배하면서 백여 년 전 이곳 달랏에 진출했을 때 단지 휴양지로서의 가능성에만 쾌재를 불렀던 것은 아니었을 것이다. 와인 재배를 위한 최적의 자연환경을 갖추고 있다는 점, 특히 높은 일조량과 큰 일교차는 프랑스 와인 제조업자들의 구미를 당기기

달랏 기차역

에 충분했을 것이다. 그들이 뿌린 씨앗은 오늘날에도 이어져 달랏은 '와인의 도시'라는 명성을 얻고 있다.

프랑스 풍의 건물들은 도시 곳곳에 산뜻하게 자리잡고 있다. 로마네스크 양식의 달랏 성니콜라스 성당은 작열하는 태양빛을 머금고 파스텔 톤의 연한 살구빛을 은은하게 발산하고 있다. 장엄한 가톨릭 성당의 분위기보다는 산뜻한 영화세트장 같은 분위기가 물씬 풍겼다. 마치 유럽의 전원풍경 속 작은 궁전처럼 넓은 정원을 끼고 아늑하게 자리 잡고 있는 건물도 눈에 띄었는데 베트남의 마지막 왕 바오다이의 여름별장으로 프랑스 건축가가 1930년대에 만들었다고 한다.

뾰족한 세 개의 지붕이 인상적인 달랏 기차역은 질박하면서도 예리한 모습으로 눈길을 끌었다. 이곳 역시 프랑스 건축가들이 1930년대 프랑스에서 유행했던 아르데코 양식을 적용해 만들었다. 토착민 바나족의 공동 가옥인 냐롱Nha Rong의 지붕이 높고 뾰족하게 하늘로 솟아 있는 모습은 직선의 기하학적 문양과 대칭의 균형미를 강조하는 아르데코 양식에 잘 부합하는 모티브가 되었다. 프랑스 식민정부는 달랏을 개척하자마자 호치민(사이공)까지 철도를 연결했지만, 베트남 전쟁을 거치면서 지금은 운항이 중단된 상태다. 파란만장했던 베트남의 역사를 오롯이 담고 있는 달랏역, 나무로 지어진 역사 건물의 내부는 초콜릿색과 노란색으로 담백하게 채색되어 편안함을 자아냈다.

달랏은 식민지배세력에 의해 건설된 도시이기는 하지만, 지금은 베트남 사람들도 즐겨 찾는 여행지다. 낯설고 이국적인 풍경으로 일순위 신혼 여행지로 인기가 높다고 한다. 베트남 여행을 계획하는 이들에게 달랏은 고려해볼 만한 이색적인 여행지가 아닐까 싶다.

제6장

카리브해와 마야 유적의
신비로움이 조화를 이루다

열대의 바다 휴양지

'열대' 하면 울창한 열대우림 다음으로 가장 많이 떠올리는 이미지는 아마도 아름다운 모래사장이 펼쳐진 바닷가 휴양지가 아닐까?

동남아시아의 태평양 연안(괌, 코타키나발루, 발리 등), 그 서쪽으로 이어진 인도양의 해안과 섬(몰디브, 푸켓, 모리셔스 등), 그리고 대서양의 카리브 지역(칸쿤, 마이애미, 쿠바 등)은 사시사철 분주한 대표적인 열대 휴양지다. 일년 내내 따뜻한 이곳은 특히 추운 겨울을 나야 하는 우리 같은 중위도 지역 사람들에게 무척 매력적인 장소다.

투몬 비치(괌)

이 휴양지들은 대부분 회귀선 안쪽에 위치한 열대 지역으로, 무역 풍이 불고 따뜻한 바닷물이 흐른다는 공통점이 있다. 이 장에서는 열대의 아름다운 휴양지를 만들어내는 기후 특성과 이와 관련한 자연경관, 그리고 현지인들의 삶을, 특히 열대의 파라다이스로 알려진 카리브해 지역을 통해 살펴보고자 한다.

## 세계적인 휴양지는
## 왜 열대에 많을까?

해류, 즉 바닷물의 흐름은 열대의 휴양지를 만들어내는 중요한 역할을 한다. 해류는 크게 표층해류와 심층해류로 구분한다. 이 중 우리가 직접 경험하는 표층해류는 대기층과 맞닿아 있어 바람의 움직임에 영향을 받는다. 특히 항상풍(일년 중 가장 탁월하게 부는 바람)과 밀접한 관련이 있어 북반구에서는 시계 방향으로, 남반구에서는 시계 반대 방향으로 흐르게 된다. 이러한 움직임은 태평양과 대서양에서는 아주 뚜렷하게 나타난다. 그런데 인도양의 경우는 상황이 좀 다르다. 왜 그럴까?

먼저 태평양과 대서양의 해류 흐름을 살펴보자. 이들 대양의 저위도 해역은 당연히 기온이 높을 테고 따라서 표층해류의 수온 역시 높은 수준을 유지한다. 이러한 난류(북적도 해류와 남적도 해류)는 무역풍의 영향을 받아 동쪽에서 서쪽으로 흐른다. 이런 이유로 이 난류가 닿는

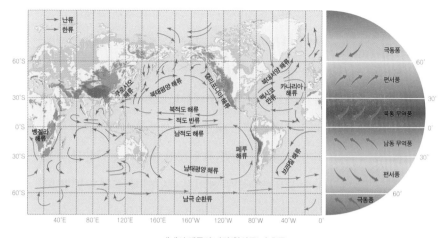

세계의 해류와 바람(항상풍)의 흐름

태평양 서쪽의 동남아시아와 오세아니아 일대, 그리고 대서양 서쪽의 카리브해와 브라질 해안 일대에는 유명한 열대 휴양지가 많다.

그런데 이 해류가 아시아와 아메리카의 해안을 따라 중위도로 이동하면 편서풍의 영향을 받아 흐름의 방향이 서쪽에서 동쪽으로 바뀌게 된다. 이때 남쪽과 북쪽에서 이어져 있는 북극해와 남극해로부터 차가운 바닷물이 유입되면서 한류로 바뀌고 결국 아메리카와 아프리카 대륙의 서쪽 해안에 닿게 된다. 그러면 다시 방향을 바꿔서 저위도를 향해 그 해안을 훑고 지나가게 된다. 이때 이 한류는 해안 지역에 기온역전 현상을 불러일으켜 안개를 자주 만들어내고 사막 같은 건조한 기후를 만들어내기도 한다. 캘리포니아 해류−미국서부 해안 사막, 페루 해류−아타카마/페루 사막, 카나리아 해류−사하라 사막, 벵겔라 해류−나미브 사막 등이 세트를 이루는 것은 이러한 이유 때문이다. 그러니 서늘하거나 사막이 형성되어 있는 아메리카 대륙의 태평양 해안과 아프리카 대륙의 대서양 해안에는 내로라하는 휴양지가 발달하기 어렵다.

반면 인도양은 북쪽으로 유라시아 대륙이 놓여 있어 북극해와 차단되어 있다. 따라서 인도양에는 태평양, 대서양과는 달리 북극해로부터 유입되는 차가운 바닷물이 없다. 인도양의 북쪽 끝이라고 해야 페르시안 만의 가장 깊숙한 곳인 쿠웨이트 해안인데, 이곳은 북위 30도에 불과하다.* 반면 남반부는 남극해로 터져 있어 한류가 흐르기는 한다. 하지만 이 한류는 대부분 남위 30도 바깥에서 흐르기 때문에 호주의 남서부 지역에만 영향을 미쳐 사막을 만들어낼 뿐이다.

이처럼 위도 30도 안쪽의 인도양은 상대적으로 규모가 작은 일종의 내해처럼 자리 잡고 있다. 이에 따라 열대의 기후가 나타나고 난류로 채워져 있어 열대의 휴양지가 펼쳐지기에 좋은 조건을 갖추고 있다. 인도양의 난류는 또한 동쪽으로 인도차이나 반도, 말레이 반도의 해안을 따라 태평양의 난류와 연결된다. 이 두 개의 반도를 둘러싼 양쪽 해안과 주변 섬들에 내로라는 열대의 휴양지가 밀집되어 있는 것은 바로 이러한 이유 때문이다.

---

\* 인도양의 북서쪽, 아라비아 반도를 감싸고 있는 홍해와 페르시아 만은 세계에서 수온이 가장 높은 바다로 알려져 있다. 이로 인해 아름다운 산호가 서식하는 에메랄드빛 바다가 장관을 이룬다. 보통 산호초는 열대의 습윤한 바다에 펼쳐져 열대우림과 세트를 이루는 경향이 있다. 그런데 이곳의 해안지역은 온통 사막으로 이루어져 있어 형형색색의 다양한 생명들을 품고 있는 바닷속 산호초 환경과 극명한 대비를 보여준다.

이처럼 따뜻한 바닷물로 연중 수영이 가능한 해변을 갖춘 열대의 휴양지에서는 몸과 마음을 이완하며 편안하게 휴식할 수 있다. 주변에는 열대우림과 맹그로브 숲, 산호초와 석회암 지형(카르스트 지형)이 함께 어우러져 있어 여행지로서 매력을 더욱 높여준다. 이 외에도 다른 기후 지역에서는 볼 수 없는 다양한 열대 동식물이 서식하고 있어 시선을 잡아끈다. 여기에 더해 역사문화적인 유적지와 전통문화를 유지하며 살아가는 현지의 사람들까지 만날 수 있다면 금상첨화일 것이다.

이러한 조건을 두루 갖추어 열대의 휴양 여행지로 인기가 높은 지역이 있다. 대서양이 아메리카 대륙 쪽으로 파고 들어간 카리브해가 그곳이다. 그중에서도 특히 최근 들어 한국인의 신혼여행지로 떠오르고 있는 멕시코의 칸쿤Cancun으로 떠나보자.


## 카리브해와 칸쿤의
## 아름다운 자연경관


카리브해로 돌출한 유카탄 반도 동쪽 끝에 있는 칸쿤에서 시작해 남쪽으로 해안을 따라 멕시코, 벨리즈, 과테말라, 온두라스에 이르는 약 1,000킬로미터 이상의 해안과 바다 지역은 '메조아메리카 보초 지역Mesoamerican Barrier Reef System; MBRS'이라 불리는 청정의 산호초 지구다. '메조아메리카mesoamerica'는 과거 마야 문명의 지리적 범위

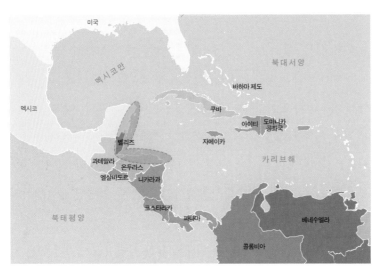

카리브해와 메조아메리카 보초 지역(점선 안쪽)

를 일컫는 지명이다. 실제로 이곳에는 마야의 유적들이 열대의 바닷
가와 내륙의 열대우림 곳곳에 분포해 신비로움을 더해준다. 이 해안
은 '그레이트 마야 리프Great Mayan Reef'라 부르기도 하는데, 그중 멕
시코 영토에 속한 해안지역은 '리비에라 마야Riviera Maya'라 부른다.

이 해안지역에는 다양한 형태의 사주沙柱, shoal 지형*이 아름다운 백
사장을 이루고, 그 뒤쪽으로는 작열하는 태양빛을 흔들어대는 야자
수가 이색적인 모습으로 펼쳐져 있다. 이곳의 백사장은 눈이 부시
도록 하얗게 빛난다. 그 이유는 이곳의 모래가 앞바다를 수놓은 아

---

\*　모래가 퇴적된 해안 지형을 말하며 연안사주(해안선과 평행하게 길쭉하게 형성된 모래섬), 육
계사주(해안과 섬이 연결되어 형성된 길쭉한 모래톱), 석호(길쭉한 모래톱이 바닷물과 차단되
어 형성된 호수로 라군lagoon이라고도 한다) 등 다양한 형태로 펼쳐진다.

카리브해의 백사장과 리조트(멕시코 칸쿤)

름다운 산호초가 잘게 부서져 퇴적된 것이기 때문이다. 산호는 위도 30도 이내의 수온이 높은 열대, 아열대의 바닷가에만 서식하는 군체 '동물'로, 집단을 이루어 산호'초'를 구성한다. 그 자체만으로도 이국적인 아름다움을 자아내는 이 산호초에는 각종 열대어를 비롯한 다양한 생명체가 어우러져 서식하면서 울창한 바닷속 숲을 이룬다.

칸쿤에서 보았던 그 겨울의 카리브 바다는 찬란한 원색의 크고 작은 천혜의 자연경관이 구김살 하나 없이 절묘하게 어우러진 시원한 모습이었다. 바닷속 산호초 모래가 자아내는 맑은 에메랄드빛의 카리브 바다는 하얀색 포말을 시원하게 일으키며 백사장을 적셨다. 그 파도에 몸을 싣고 수영과 서핑을 즐기는 사람들은 강렬한 열대의 태양빛을 가르며 유쾌하게 허우적거리고 있었다.

열대의 진초록빛 나무숲을 등지고 있는 모래사장에서 마주한 흑갈색 이구아나의 흉측한 모습이 나를 놀라게 했다. 아메리카 대륙의 열대에만 서식하는 이 동물은 우리에게 무척 낯설다. 하지만 로컬 주민들에게는 익숙하다 못해 귀엽게까지 인식되는, 우리 식으로 하면 동네 강아지 같은 존재다.

시선을 돌리니 새하얀 모래사장과 에메랄드빛 바다가 태양빛을 산란시키며 반짝반짝 빛나고 있었다. 그 빛이 희미하게 들어찬 산호초 바닷속에는 열대어와 바다거북이, 그리고 스쿠버 다이버들이 유려하게 춤추듯 해초 사이를 헤집고 다니고 있을 것이다. 때로는 저 너머 검푸른 수평선 바다에 돌고래가 나타나 힘찬 몸짓으로 솟아오르곤 한다. 수평선 위 푸른 하늘을 날아가는 새들의 날갯짓과 에메랄드빛 바다 위에서 늘어진 주둥이에 물고기를 머금은 펠리칸 무리의 고갯짓이 평화로운 자연의 에너지를 분출했다.


## 크루즈 여행의 최적지,
## 카리브해와 지중해

이런 멋진 카리브해의 풍경을 이색적으로 만드는 요소가 하나 더 눈에 밟혔다. 승객 수천 명을 동시에 태울 수 있는 초대형 크루즈 여객선 여러 척이 저 멀리 수평선 위에 두둥실 떠다니는 모습이었다. 크루즈 여행은 작지만 안락한 선실에서 숙박하며 다양한 음식과 여가

카리브해를 떠다니는 크루즈선

프로그램을 즐길 수 있다는 점, 멋진 바다 한가운데서 붉은빛의 해돋이와 해넘이를 시시각각으로 감상할 수 있다는 점, 여기에 더해 해안과 섬에 흩어져 있는 유명 관광지들을 연결해줌으로써 힘들이지 않고 구경할 수 있게 해준다는 점 때문에 선진국 여행자들에게는 물론이고, 최근에는 한국인 여행자들에게도 인기가 높아지고 있다.

　카리브해는 지중해와 더불어 크루즈 여행이 가장 성행하는 곳이다. 아름다운 바다의 다채로운 자연경관과 해안에 펼쳐진 역사 깊은 문화경관이 조화를 이루고 있기 때문이다. 카리브해가 열대의 기후환경과 마야 문명이 조화를 이룬 곳이라면, 지중해는 지중해성 기후가 나타나는 독특한 온대 기후환경과 그리스 로마 문명이 조화를 이룬 곳이다. 또한 지리적으로 선진국이 모여 있는 북미, 유럽 등과 근접해 있어 두터운 수요층을 끼고 있다는 점도 무시 못할 이유다.

그런데 모두 북반구에 위치한 이 두 바다가 각각 계절별 기후 특성에 따라 크루즈 여행 성수기가 달라진다는 점이 흥미롭다. 상대적으로 위도가 높은 지중해의 경우에 겨울철에는 기온이 낮아지면서 비가 많이 내리지만 여름철에는 기온이 높아지고 건조한 날씨를 보이는 지중해성 기후가 나타난다. 따라서 크루즈 성수기는 여름철이다. 반면 카리브해는 연중 기온이 높은 열대의 기후환경을 가지고 있지만, 여름철에는 허리케인이라 불리는 열대성 저기압이 자주 발생해 항해가 불가능할 경우가 많아 오히려 비수기가 된다.

흔히 크루즈 여행이라고 하면 사치스러운 여행으로 생각하는 경우가 많은데, 꼭 그런 것만은 아니다. 계절 특성의 차이가 그대로 가격에 반영되기에 시기를 잘 고르면 의외로 저렴하게 이용할 수도 있다. 대체로 10~11월이면 카리브해의 허리케인이 사라져 성수기에 접어들고, 반면 지중해는 겨울철 비수기에 접어든다. 이때 대형 크루즈 회사들은 지중해를 돌던 크루즈선을 카리브해로 이동시킨다. 이를 '리포지셔닝 크루즈Repositioning Cruise'라고 하는데, 색다른 코스를 매우 저렴한 비용으로 여행할 수 있기에 기억해둘 만하다.


## 마야의 흔적을 품고 있는
## 유카탄 반도의 카르스트 지형

아름다운 산호초가 펼쳐진 카리브의 해안과 이어진 유카탄 반도는 석회암이 빗물이나 지하수에 녹아내리면서 나타나는 카르스트 지형이 열대우림 속에 형성되어 있어 무척 신비로운 모습을 자아낸다. 특히 곳곳에 흩어져 있는 크고 작은 석회동굴과 '세노테Cenote'*라 불리는 청묘한 물웅덩이가 압권이다.**

빽빽한 열대우림에 덮여 있는 이 자연의 조각품 속으로 들어가면 시원한 공기가 무더위에 지친 몸을 휘감는다. 더군다나 수십 미터를 수직으로 파고들어간 커다란 웅덩이, 세노테에는 마르는 법이 없는 시원한 지하수가 가득 담겨 있다. 카리브해의 미지근한 바닷물과는 대조적으로 몸이 살짝 시릴 정도의 청량감이 느껴진다. 게다가 지상에서 수면을 향해 곧게 뻗어 내린 열대 덩굴식물의 줄기가 마치 하프의 팽팽한 줄처럼 드리워져 있고, 물속에는 바다와 연결된 지하수 통로를 통해 오고 가는 물고기들이 움직이고 있다.

석회암 지역을 뒤덮고 있는 울창한 열대우림도 여행자들을 매료시킨다. 비행기에서 내려다보는 유카탄의 북부지역은 온통 진초록의 카펫을 깔아놓은 듯 광활하고 평평하다. 그 한가운데에 치첸이트

---

\*　물에 약한 석회암이 널리 분포하는 지역에서는 물에 녹은 암반이 무너져 움푹 파인 구덩이(싱크홀)가 만들어진다. 유카탄에는 수십 미터 규모로 함몰된 구덩이가 지하수 수위와 일치해 물이 모여 있는 일종의 자연연못이 많이 형성되어 있는데, 이것이 세노테. 세노테는 마야어로 '땅속의 구멍'이라는 뜻이다.

\*\*　카리브해의 석회암 지형은 유카탄 반도에서 온두라스에 이르는 메조아메리카 지역과 징검다리처럼 이어진 수많은 카리브해의 섬들, 그리고 여기에 이어진 미국 플로리다 반도의 에버글레이즈 국립공원에 이르기까지 대륙의 해안과 도서 지역 곳곳에 분포해 이색적인 경관을 펼쳐놓는다. 기묘한 카르스트(석회암) 지형에 열대 해안의 맹그로브 숲과 산호 경관이 어우러져 있는 모습과 더불어 악어, 이구아나 등을 비롯한 독특한 열대 동물이 여행자의 눈길을 끈다.

유카탄 열대우림 속 마야문명의 유적지 치첸이트사

사Chichen Itza의 하얀색 피라미드와 마야 건축물이 카펫에 구멍을 뚫고 삐죽 솟아 있다. 그 비범한 앉음새가 시선을 사로잡는다. 건축물의 재료는 당연히 하얀색으로 빛나는 석회암! 이런 마야의 유적지 중 일부는 치첸이트사처럼 끝없는 초록 속에 점점이 그 모습을 드러낸 채 빛나고 있지만, 더 많은 유적지들은 그 초록의 품에 숨겨진 비경이 되어 영롱한 광채를 감추고 있다.

이 마야의 유적들이 집중적으로 분포해 있는 곳은 유카탄에서 온두라스에 이르는 열대우림 지역 속이다. 마야의 유물, 유적에 조각상으로 자주 등장하는 아메리카 대륙의 맹수들(표범, 재규어 등)이 실제로 살고 있는 곳이기도 하다. 찬란한 고대문명이 열대우림 곳곳에서 명멸했다니 어찌 된 일일까? 선뜻 이해되지 않는 열대우림과 고대문명

마야어로 '땅속의 구멍'이라는 뜻을 지닌 세노테

의 이 기묘한 조합은 그래서 오히려 더욱 신비롭고 경외심마저 불러일으킨다. 학자들이 계속해서 연구하고 있으나 여전히 미스터리로 남아 있는 부분이 많다.

그런데 한 가지 분명히 밝혀진 사실은 열대우림 속 마야 유적지들도 현재의 로컬 마을들처럼 세노테를 끼고 있었다는 점이다. 과거 마야인들은 세노테를 통해 이어진 석회암 지대의 지하수 물길에 대해 아주 잘 알고 있었고, 이를 바탕으로 정교한 치수 시스템을 갖추어놓았다. 특히 유카탄의 중부와 북부 지역은 연평균 강수량이 1,300밀리미터 정도이지만, 우기와 건기가 뚜렷이 나뉘는 데다가 고도차가 거의 없는 평평한 석회암 지형을 이루고 있어 지표 하천이 거의 존재하지 않는다. 만약 세노테와 지하수가 없었다면, 그리고 만약 그 연결 구조를 그들이 알지 못했다면, 찬란한 문명을 일구어내는 것은 아마도 불가능하지 않았을까?

이곳의 울창한 열대우림은 또한 유럽 세력들이 신대륙 식민화를 거의 끝내는 17세기까지도 마야 문명이 완전히 정복되지 않고 존속할 수 있었던 지리적 배경이 되었다. 즉, 이곳 유카탄 반도는 비록 기복이 별로 없는 평평한 땅임에도 열대우림으로 뒤덮여 정복하기 어려운 매우 낯설고 힘든 싸움터였던 것이다. 스페인 식민세력은 자신들의 터전인 이베리아 반도의 고원 환경에 익숙한 사람들이었다. 그래서 유카탄을 제외한 멕시코의 고원지역은 쉽게 정복할 수 있었다. 그러나 이곳 유카탄의 열대우림은 무지의 땅, 고난의 땅이었을 것이다.

그런데 최근 유카탄 열대우림에 관한 자료를 찾던 중 안타까운 소식을 접했다. 유카탄 열대우림을 가로질러 마야의 유적지를 연결하는 총 1,500킬로미터의 트렌마야Tren Maya 철도를 건설한다는 기사였다.[19] 현대의 기술로는 그까짓 열대우림쯤이야 쉽사리 제거할 수 있고, 찬란한 마야의 유적지를 찾는 관광객들을 대거 유치해 경제적 이득을 도모할 수 있을 테니 멕시코 정부 입장에서 보면 분명 매력적인 프로젝트일 것이다. 하지만 열대우림의 절단은 그 자체로 큰 논란거리가 아닐 수 없다. 열대우림이 사라지면 그곳에 사는 동물들은 물론이고 원주민의 삶터도 빼앗기게 될 것이다. 이 같은 문제를 최소화하기 위해 필요에 따라 일정 구간에는 철도를 지하화한다고는 하나 이 또한 지하수 물길과 세노테를 교란하게 될 것이다.

그렇다면 이 트렌마야의 허와 실을 잘 따져보아야 한다. 환경을 이용 혹은 제거함으로써 경제적 이득을 높이려는 관광산업화 정책과 인간-환경의 조화를 통해 지속가능성을 높이는 환경보존 정책 사이의 갈등은 지구촌 곳곳에서 벌어지고 있다. 눈앞의 이익을 위한 환경 파괴가 결국 부메랑이 되어 우리의 미래를 암울하게 만드는 상황은 지금도 당장 우리 눈앞에 나타나고 있다. 환경을 생각하는 공정여행이 필요한 이유다. 인류의 아름다운 자산을 여행을 통해 감상하고픈 욕망 자체는 지극히 당연하다. 다만 그것을 편리한 방법으로 편안하게 즐길 것이냐, 아니면 다소 불편하더라도 고된 여정을 참아가며 즐길 것이냐의 차이가 있다. 지구 환경의 파괴가 우리 미래의 삶을 위협한다는 현실 앞에서 나는 기꺼이 후자를 선택하는 것이 마땅하다고 생각한다.

## 여행자에게는 휴양지,
## 주민에게는 삶의 터전

다시 휴양도시 칸쿤으로 돌아가보자. 칸쿤은 천혜의 자연환경을 활용해 관광산업을 일으키고자 하는 목적으로 1970년대에 멕시코 정부에서 조성한 일종의 신도시다. 그런데 카리브의 해안지역을 외국 관광객들을 유치하기 위한 호텔지구로, 내륙지역은 관광산업에 종사할 멕시코인들이 거주하는 로컬지구로 분리해 건설함으로써 이

두 지구는 완전히 다른 세상으로 자리 잡았다. 외국인이 주로 이용하는 호텔지구에는 고급의 각종 숙박시설과 음식점이 있고, 대부분 '올인크루시브 리조트'의 형태로 운영되고 있다. 말 그대로 일정 금액을 지불하면 숙박, 식음료, 음주, 여가활동 등 모든 서비스를 한꺼번에 이용하는 휴양리조트 시설이다. 머릿속 복잡한 생각들은 잠시 접어둔 채 그저 먹고 자고 놀고 하면서 시간을 보낼 수 있도록 최적의 시설과 프로그램을 제공한다.

그런데 이런 고급 사유 시설들이 해안 모래사장의 대부분을 점유하고 있어 칸쿤의 로컬 주민이나 가난한 여행자는 자유롭게 바다를 접하기 어렵다는 사실이 새삼 눈에 들어온다. 자본주의 사회에서 공유자원인 자연이 사유화됨으로써 결국 경제적 능력에 따라 자연을 누리는 정도에 차별이 생긴다는 비판이 제기될 수밖에 없다. 다행이라고 할 수 있을지 모르겠지만, 칸쿤시 관내에는 돌고래 해변이라는 뜻을 지닌 '플라야 델피네스Playa Delfines' 공공 모래사장이 조성되어 있기는 하다. 하지만 이는 1킬로미터도 채 안 되는 짧은 구간이다. 이곳을 이용하는 사람들은 주머니 사정이 가벼운 로컬 주민과 젊은 배낭여행자다. 이들의 거처는 당연히 호텔지구가 아닌 로컬지구다.

칸쿤의 로컬지구는 불과 50년의 역사를 지닌 신생도시다. 애당초 호텔지구를 지원하는 일종의 배후도시 같은 역할을 담당하도록 세워진 도시이기에 눈에 띄는 멋진 경관은 별로 없다. 하지만 '쉼'에 더해 '앎'의 행복을 누리고 싶은 여행자라면, 그곳에 펼쳐진 평범한 것들 속에서 낯섦을 발견하고, 그 속에서 분주하게 살아가는 로컬 주민

칸쿤 바닷가의 호텔지구

칸쿤의 로컬지구

의 삶을 살펴보면서 흥미진진한 여행을 경험해볼 수 있다.

칸쿤에서는 주말마다 다양한 문화공연이 열리는데 이는 주민들의 흥겨운 '놀기'의 장이다. 이러한 주민들의 놀이문화는 멕시코 다른 도시에서도 마찬가지다. '어쩌다 열리는 축제도 아니고 주말마다 열린다고? 게다가 주민들은 적극적으로 참여해 자신들의 삶의 일부분으로 삼고 있다고?' 주민들조차 잘 모르는 한국의 관제 축제에 익숙한 나는 주말 문화공연을 알리는 안내문을 보고 처음에는 그저 지역 관광을 홍보하는 낚시글 아니겠는가 하고 반신반의했다. 그런데 이 신나는 축제의 현장을 칸쿤으로 오기 전 유카탄 반도의 메리다 Merida라는 도시에서 직접 경험할 수 있었다.

메리다의 주말 축제는 매주 일요일마다, 그것도 아침부터 저녁 늦게까지 '센트로'(시내 중심가)에서 활기차게 벌어진다. 내가 찾아간 그날도 마찬가지였다. 음식료 노점상은 물론이고 아이들을 위한 작은 놀이기구가 바쁘게 돌아가고, 다양한 물건이 거래되는 벼룩시장과 중고책 시장도 펼쳐졌다. 클래식과 팝은 물론이고 장르를 알 수 없는 민속 음악에 이르기까지 정말 다양한 음악이 은은하게, 때로는 시끄럽게 울려 퍼지고 있었다. 곳곳에서 아마추어 공연단의 연극과 춤도 다채롭게 펼쳐졌다. 그야말로 남녀노소 모든 사람이 어우러지는 평등한 놀이의 장이었다.

해가 떨어지자 광장은 화려한 조명으로 밝혀지고, 중앙의 무대에 대규모 밴드가 올라가 맘보와 룸바 음악을 연주하며 분위기를 고조시켰다. 그 넓은 '소깔로'(중앙광장)에는 로컬 주민들이 정말 입추의 여

메리다(멕시코)의 주말 축제

지 없이 모여들었다. 그 엄청난 인파 속에 나 같은 여행자는 극히 소수였다. 축제가 무르익어갈 즈음 주민들은 남녀 짝을 지어 유연한 몸놀림으로 춤을 추기 시작했다. 정말 장관이었다. 한마디로 놀 줄 아는 사람들, 미래보다 현재의 행복을 더 추구하는 사람들이었다. 행복은 과연 어디에 있는 것일까? 내게 던져진 화두를 말랑한 미소로 생각해보는 달달한 시간이었다.

# 열대의 감염병에 대비하기

열대 지역을 무조건 위험하고 불편한 곳이라고 생각하는 편견은 버려야 하지만 열대의 자연환경 특성상 특별히 주의하고 또 주의해야 할 사항이 있는 것도 사실이다. 바로 열대의 감염병이다.

여행을 결심했다면, 우선 질병관리청 국립검역소 홈페이지를 참고해 여행가려는 나라에서 특별히 주의해야 할 감염병 정보를 주의깊게 살펴보자. 특히 '해외감염병 NOW'에서는 여행 국가를 선택해 현지의 감염병 정보를 얻을 수 있고, 감염병 목록을 선택하면 전파경로, 증상, 예방접종과 주의사항 등에 관한 자세한 정보를 확인할 수 있다.

아프리카, 중남미, 아시아 등의 열대 지역을 검색하면 황열 예방접종이 필수임을 확인할 수 있다. 그 외 감염병에 대해서는 대륙별로 조금씩 차이가 있지만, 말라리아(예방약), 장티푸스, A형 간염 등은 공통적으로 예방접종할 것을 권하고 있다. 장티푸스와 A형 간염은 우리나라에서도 발병하기 때문에 이미 예방접종을 완료한 사람이 많다. 하지만 황열병, 말라리아는 열대 풍토병으로 우리 같은 온대 지역 사람이 감염되면 치명적일 수 있으므로 반드시 예방조치를 하고 떠나야 한다.

## 말라리아

말라리아는 바이러스가 아니라 원충(일종의 기생충)에 의해 감염되는 병으로, 그 원충의 종류에 따라 치명도가 달라진다. 열대열 말라리아가 죽음에까지 이르게 하는 가장 무서운 원충인데, 이는 주로 열대 지역의 모기를 통해 감염된다. 말라리아를 일종의 열대 풍토병으로 간주하는 이유다. 물론 모기는 기온이 높은 곳, 물웅덩이가 많은 곳이면 어디든 존재하기 때문에 우리나라와 같은 온대 기후에서도 여름이면 발생하곤 한다. 이는 전 세계적으로 발병될 수 있다는 뜻이며, 실제로 매년 꾸준히 발병해 2억 명 이상이 감염된다고 한다. 사망자 수도 매년 40만 명 이상에 이르는, 사망자 수 1위의 무서운 감염병이다.

증상은 고열과 설사, 구토, 빈혈을 동반하는데, 예전에는 '학질'이라 부르기도 했다. 결국 말라리아를 억제하기 위해 근본적으로 필요한 것은 모기의 서식환경인 고인 물을 제거하는 것이다. 실제로 말라리아가 유행하는 열대 지역에서도 농촌보다는 도시 지역의 발병율이 크게 낮은 것을 보면 알 수 있다.

말라리아는 바이러스성 질병이 아니기 때문에 백신주사로 예방하는 것이 불가능하다. 다만 여행지로 출발하기 전부터 여행이 끝날 때

호텔 객실의 모기장(나이로비)

까지 계속 예방약을 먹음으로써 어느 정도 그 위험성을 피할 수는 있다. 최근에는 예방약이 좋아져 복용기간이 짧아지고 있기는 하지만 어찌 되었건 말라리아에 감염되지 않으려면 모기에 물리지 않는 것이 중요하다.

열대 지역으로 여행을 하기 전에는 그 지역의 기온과 습도를 체크하고, 모기의 활동과 말라리아 발생 가능성에 대한 사전 정보를 꼭 찾아보기 바란다. 모기 기피제를 가져가고, 더운 곳이라도 긴 팔 상의와 긴 바지를 준비해야 한다. 모기장을 잘 두르고 자는 것도 꼭 필요하다.

## 황열병

모기가 전파하는 또 다른 위험한 감염병이 '황열병'이다(모기가 매개하는 감염병은 말라리아와 황열병 이외에도 일본뇌염, 댕기열 등 많이 있다. 실제로 인류의 역사 내내, 그리고 지금 이 시대에도 인간에게 가장 위험한, 즉 인간을 가장 많이 죽이는 생물 1위는 연간 약 75만 명의 사망자를 발생시키는 모기라는 통계가 있다). 말라리아와는 달리 바이러스성 감염병인데, 발병하면 피부가 누렇게 변하고 고열이 나기 때문에 '황열yellow fever'이라는 이름을 갖게 됐다. 이 외의 증상으로는 갑작스러운 발열과 두통을 시작으로 급성기에는 오심, 구토, 복통, 근육통이 동반되며, 대체로 며칠 이내에 후유증 없이 회복되지만 드물게 심근손상, 부정맥, 심부전 등이 발생할 수 있다. 약 15퍼센트의 환자가 독성기로 진행되는데 이중 절반 정도가 사망에 이른다고 한다. 마땅한 치료제가 아직 개발되지 않았기 때문에 예방에 각별히 주의를 기울여야 한다. 다행히 예방백신은 개발되어 있어 열대 지역을 여행하려는 사람이라면 출국 10일 전에 반드시 접종해야 한다. 한번 맞으면 예방 효과가 10년간 지속된다.

어떤 국가에서는 입국자의 예방접종을 의무화하고 있어 이에 대한 준비도 반드시 필요하다. 열대 아프리카의 대부분 국가에서는 입국심사 때 흔히 '옐로우 카드'라 부르는 황열병 예방접종 증명서를 요구한다. 아시아와 아메리카의 열대 국가들에서는 유일하게 아마존 북쪽의 프랑스령 기아나에서만 의무적으로 요구한다. 하지만 황열의 원인인 아르보 바이러스가 중남미의 열대에도 있다고 하니 의무 제시 여부와 상관없이 꼭 접종하고 가는 것이 안전한 여행을 위해 바람직할 것이다.


## 아프리카 수면병

2019년 아프리카 여행을 준비하면서 내가 가장 신경 썼던 부분은 말라리아, 황열병, 아프리카 수면병 등 우리에게는 생소한, 그래서 막연한 두려움을 주는 감염병에 대비하는 것이었다. 특히 척추동물의 피를 빨아먹고 사는 체체파리라는 이름의 큼직한 파리에 의해 감염되는 아프리카 수면병은 그 두려움을 더욱 증폭시켰다.

이 파리에 물리면 생소한 이름의 기생충에 감염될 수 있고, 그래서 흔히 '아프리카 수면병'이라 불리는 무서운 병에 걸린다. 이 병에 대해서는 질병관리청 국립검역소 홈페이지에도 정보가 정리되어 있지 않다. 게다가 백신도 아직 연구단계에 머물러 있어 예방 접종도 불가능하다. 현재로서는 물리지 않는 것만이 최선의 예방법이다. 이 병을 옮기는 체체파리는 사하라 이남 아프리카에서 서식한다고 한다. 그것도 열대우림과 사바나 기후 지역에 집중적으로 서식하기 때문에 사바나 초지에 있는 동물의 왕국을 방문하는 여행자들은 특히 조심해야 한다.

탄자니아의 세렝게티 초원을 안내했던 현지 가이드는 사전미팅 때 체체파리에 대해 언급했다. 체체파리가 집중적으로 서식하는 곳이 있는데 그곳에는 사람들이 살지 않는다고, 그래도 사파리 도중에 그런 곳들을 지나갈 수도 있으니 물리지 않는 게 최선책이라고 했다. 물리지 않기 위해서 꼭 지켜야 할 것이 푸른색, 검은색 옷을 피하고 밝은 색의 긴 옷을 입고 다니는 것이라고도 설명해주었다. 무더운 열대를 누비는 여행일지라도 긴 옷, 밝은 옷을 입고 다녀야 하는 이유가 단지 따가운 햇볕에 피부를 노출시키지 않는 것만이 전부가 아니라 감염병 예방을 위해서라는 것을 확실히 체감할 수 있었다.

말라리아, 황열병, 체체파리 등 이름만 들어도 낯설고 두려움을 자아내는 감염병들은 주로 열대에서 창궐하는 풍토병 형태를 띠기 때문에 이에 대해 면역체계가 없는 우리 같은 온대 지역 사람들은 대단히 주의해야 한다. 게다가 가난한 열대 지역의 의료체계는 아무래도 빈약하기 때문에 만약 여행 중 감염된다면 현지에서 제대로 치료 받기가 쉽지 않을 수 있다. 이 밖에 위생 상태가 열악한 경우도 많기에 콜레라나 장티푸스 같은 수인성 전염병에 취약한 곳도 많다. 즐거워야 할 여행길에서 병을 얻게 된다면 참 난감한 일이 아니겠는가? 즐거운 여행을 원한다면, 그만큼 사전준비를 철저히 해야 할 것이다.

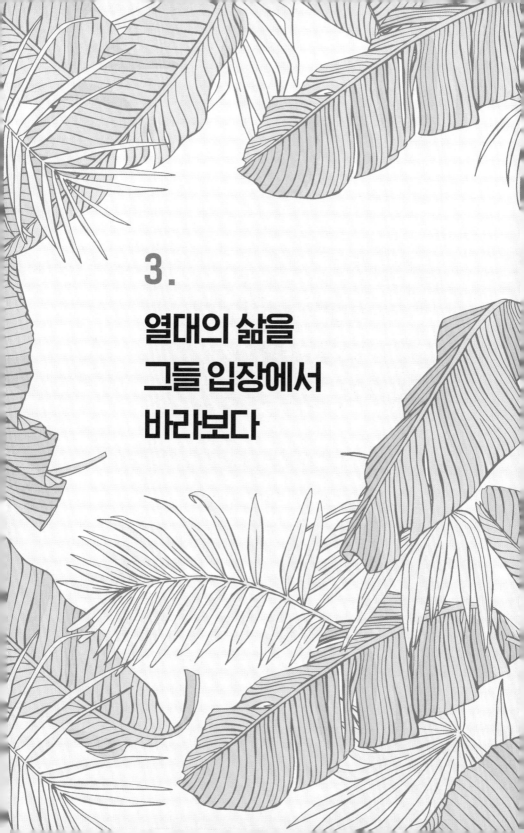

# 3.

# 열대의 삶을
# 그들 입장에서
# 바라보다

# 제1장

# 열대는 비어있던 암흑의 땅인가, 원초적 풍요의 땅인가?

## 인류 탄생의 기원지 아프리카 열대 지역

"사하라 이남 아프리카는 호미닌의 고향이자 인류의 요람이며, 인류 최초의 공동체가 출현한 무대이자 최초의 문화가 꽃핀 현장이다. 또 인류가 최초의 도구를 만들고 최초의 언어를 말한 장소이며, 인류 최초의 예술이 표현된 극장이기도 하다. 바로 이곳에서 플라이스토세의 변이가 일어나 우리 조상들이 유라시아와 세계로 퍼져 나갔다. 하지만 그런 의미의 아프리카는 대중의 뇌리에서 대부분 잊혀 있다. 우리 모두는 본래 아프리카인이며, 자신을 더 잘 알기 위해서는 우리의 근원과의 연결을 회복해야 한다. … (중략) … 에드워드 윌슨은 한 연구에서 학생들에게 자신이 생각하는 이상적인 자연경관을 그려보게 했다. 그렇게 모인 수천 장의 그림 중에서 공통된 요소를 추출한 결과는 바로 동아프리카의 사바나를 닮은 경관이었다고 한다. 우리는 아프리카를 떠났을지 몰라도, 아프리카는 우리를 떠나지 않은 것이다."[20]

## 인류 탄생의 기원지
## 아프리카

오스트랄로피테쿠스는 '남쪽 원숭이 사람'이라는 뜻이며, 최초로 직

호모 하빌리스 화석이 최초로 출토된 탄자니아 올두바이 협곡

립보행을 한 대형 유인원으로 알려져 있다. 고릴라, 오랑우탄, 침팬지 등과 같은 종으로서 현생인류의 직계 조상은 물론 아니지만, 이후 진화를 거듭해 호모 하빌리스(손을 사용할 줄 아는 사람), 호모 에렉투스(직립한 사람), 호모 사피엔스(지혜로운 사람) 등이 순차적으로 갈라져 나와 현생인류로 이어진다. 현생인류는 직립보행에 더해 큰 두뇌와 작은 치아를 갖게 됐고 도구를 사용한다는 점에서 오스트랄로피테쿠스나 대형 유인원과는 분명히 구별된다.

여기서 주목할 것은 가장 앞선 종인 오스트랄로피테쿠스와 호모 하빌리스의 기원지가 아프리카의 열대라는 사실이다. 오스트랄로피테쿠스는 지금의 남아프리카공화국 지역, 호모 하빌리스는 현재 세렝게티 초원 내에 있는 탄자니아의 올두바이 협곡Olduvai Gorge에서 화석이 최초로 출토되었다. 이곳은 다른 대형 유인원이 여전히 살아가고 있는 열대우림의 숲속과는 상당히 대조적인 지리적 특성을 보인다. 열대우림 바깥의 사바나 지역으로서 소림장초의 자연환경을 갖추고 있는 것이다. 이처럼 시야가 탁 트인 환경으로 거주공간이 확장됨에 따라 그들에게는 생존을 위해 먼곳을 봐야 할 필요가 생겼고, 그렇게 환경에 적응한 결과가 바로 직립보행이었다.

이 종들은 계속 분화하고 진화해나갔다. 그 과정의 마지막 단계에 등장한 호모 사피엔스도 아프리카에서 약 20만 년 전에 출현했는데 이들이 바로 현생인류의 직계 조상이다. 이후 아프리카에는 총 13개의 종이 존재했으며 각자의 영역에서 진화를 이어갔다. 그러다 10만 년 전에 그중 일부가 인접한 중동 지역으로 건너가면서 비로소 인류가 전 지구적으로 확산하기 시작했고, 아프리카에 그대로 남아 있던 현생인류의 조상들도 수많은 종족으로 분화하면서 흩어졌다.[21]

이처럼 아프리카의 열대 지역은 인류 탄생의 기원지다. 그런데 인류 탄생 이후 이곳에서 어떤 역사가 펼쳐졌는지 알고 있는가? 학교에서 배운 세계사를 생각해보라. 대다수의 역사 기록은 인류의 4대 문명(황허, 메소포타미아, 인더스, 이집트)*이 성공을 거둔 이후 그 문명이 아시아와 유럽에 계승되어 고대와 중세의 다양한 역사로 이어졌다고 설명한다. 하지만 아프리카에 대한 언급은 찾아볼 수 없다. 마치 그곳에

---

\* 최근에는 이 4대 문명 기원설에 대해 지나치게 농경 문명의 관점에서 해석한 가설이라는 비판적 주장이 제기되고 있다. 이를 주장한 대표적인 역사학자 쑨룽지孫隆基는 건조한 유목·방목 지대의 목축 활동이 오히려 인류 문명을 발전시키는 데 더 큰 공헌을 했으며, 전 세계적으로 최소 20곳 이상에서 고대문명이 발생했다고 설명한다.[22]

서는 아무 일도 벌어지지 않은, '비어 있는 암흑의 땅'인 것처럼 취급한 것이다. 아프리카를 비롯한 열대 지역이 세계사에 전면적으로 등장하는 것은 한참 지난 15세기에 이르러서다. 하지만 이조차도 유럽의 대항해와 식민지 개척 과정과 그 결과의 일부로 등장할 뿐이다.

이로 인해 지금 우리에게 알려진 아프리카의 이야기는 유럽 중심에서 바라본 이야기일 뿐 그곳에 살고 있는 사람들이 주체가 되어 기술해놓은 진정한 열대의 역사가 아니다.


## 인류의 4대 문명은
## 어떻게 확산되었을까?

아널드 J. 토인비 같은 서구의 저명한 주류 역사학자조차도 아프리카를 '역사가 없는 대륙'이라고 평가했다. 『역사란 무엇인가』의 저자 E. H. 카 역시 사하라 이남의 열대 아프리카는 사막으로 단절된 지역이기 때문에 문명이 전파될 수 없었다고 주장했다. 자체적인 문명의 발전은 고사하고 지리적으로 고립된 땅이었기에 문명을 이룩할 수 없었다는 일종의 환경결정론 논리다.

그런데 이들은 사실 열대에 직접 가본 적도 없었고, 그저 제국주의 탐험가들이 유럽에 전한 이야기만을 들었을 뿐이다. 그럼에도 이같은 편협한 역사지리 인식은 이후 열대 지역에 사는 흑인들에 대한 인종적 논리와 결합해 그야말로 '암흑의 열등한 지역'이라는 편견을

4대 문명 발상지

고착화하는 데 주요한 역할을 했다. 그리고 이러한 편견은 지금까지도 그대로 이어지고 있다.

그렇다면 정말 15세기 이전까지의 아프리카와 열대 지역은 인류 문명 발전의 궤적으로부터 완전히 벗어난, 그야말로 '비어 있는' 암흑의 공간이었을까? 그곳에서도 분명 사람들의 삶은 이어져왔을 텐데 무슨 이유에서 '비어 있는' 공간으로 간주한 것일까? 우선 인류 4대 문명의 기원지와 확산 경로를 살펴보면서 그 까닭을 유추해보자.

북반구 열대의 바깥(위도 30도 이상), 건조, 반건조 지역을 관통하는 대하천(나일강, 티그리스-유프라테스강, 인더스강, 황허강) 주변 지역에 펼쳐진 인류의 4대 문명은 문명별로 다소 차이는 있지만 대체로 기원전 4,000년에서 기원전 3,000년경에 시작된 것으로 알려져 있다. 이후 비슷한 위도대를 따라 동서로 확산하면서 유라시아 대륙의 허리 부분을 가로질러 지중해 연안~아랍/페르시아~인도~중국/동아시아에 이르는 문명 벨트가 형성됐다.

중위도의 건조기후 지역(사막, 초원)과 온대기후 지역(동아시아와 유럽)에 걸쳐 있는 이 벨트는 대체로 북회귀선 바깥 지역에 펼쳐져 있어 그 남쪽의 열대 지역과는 지리적으로 뚜렷이 구분되었다. 흔히 실크로드(비단길)라고 부르는 동서 간의 여러 통로들은, 반건조 스텝지역의 '초원길', 사막의 오아시스를 연결하는 '오아시스길', 인도양과 서태평양을 항해하는 '바닷길'의 세 개 간선로를 중심으로 수많은 지선로로 분화되어 있었다. 문명지대에서 이처럼 동서 간의 문물 교류가 활발히 이루어질 수 있었던 이유는 무엇일까? 특히 대륙적인 규모로 살펴보았을 때 유라시아 대륙에서 문명이 시작되고 교류가 활발히 이루어졌던 이유는 무엇일까?

『총 균 쇠』의 저자 재레드 다이아몬드는 '대륙의 주축continental axis'이라는 개념을 통해 그 이유를 설명한다.[23] 지구 대륙의 모양을 보면, 유라시아 대륙이 북반구의 동서 방향으로 길게 뻗어 있는 반면, 아프리카와 아메리카 대륙은 북반구와 남반구에 걸쳐 남북 방향으로 길게 뻗어 있다. 이에 따라 열대 기후 지역은 적도가 지나가지 않는 유라시아 대륙의 경우 동남쪽 변방 구석(동남아시아, 인도)에 조금 나타나는 정도이고, 적도가 가로지르는 아프리카와 아메리카 대륙은 열대 지역이 그 한가운데를 두툼하게 차지한다.

이러한 조건하에서 유라시아 대륙의 중위도에서 시작된 4대 문명은 비슷한 위도대의 비슷한 기후대를 따라 동서 방향으로 비교적 쉽게 확산할 수 있었다. 비슷한 기후에 적응해 살아가는 사람들의 문화

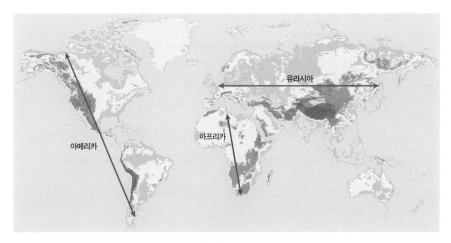

대륙의 주축

가 이미 유사하게 형성되어 있었기에 혁신적 아이디어와 물질의 수
용 또한 빠르게 이루어질 수 있었던 것이다. 반면 아프리카와 아메리
카 대륙은 남북으로 길게 늘어져 있어 위도에 따라 다양한 기후들이
띠 모양으로 층층이 펼쳐져 있고, 특히 한가운데의 열대우림은 인간
의 접근을 어렵게 만듦으로써 문명 확산에 장애물로 작용했다. 기후
의 차이가 곧 문명 간 교류를 방해한 것이다.

## 열대 지역에서는 왜 문명이
## 발달하지 못했을까?

열대의 자연환경이 문명 발달에 적합하지 않은 이유를 좀더 자세히 들여다보자. 열대 지역은 연중 높은 기온과 습도가 유지되어 겨울이 없는 곳이기 때문에 다른 어떤 지역보다도 생물종의 다양성이 월등히 높은 수준이다. 따라서 지구 전체 환경을 안정적으로 유지하는 데 결정적인 역할을 한다.

그러나 열대가 이와 같은 생태계의 보고이기 때문에 인간에게도 양호한 서식처가 될 것이라 기대하기는 어렵다. 생물종의 다양성이 매우 높다는 것은 그만큼 생명체 간의 경쟁이 매우 심하다는 것을 의미한다. 그 생명체 중 하나인 인간이 열대의 생태계 속에서 치열한 경쟁을 뚫고 성공적으로 살아가기는 무척이나 어려운 일일 수밖에 없다. 인간이 생존을 위해 만만하게 취할 만한 생물 종, 예를 들면 중위도 지역에서 잘 자라는 곡물 같은 종이 매우 드물다는 것도 열대 지역에서 문명이 태동하지 못한 이유 중 하나다. 이런 이유로 열대우림은 오랜 역사를 거치는 동안 '녹색사막'이라 불릴 정도로 인간 생존에 매우 불리해 낮은 수준의 인구밀도를 보이는 곳이 될 수밖에 없었다.

게다가 울창한 우림이 뿌리내리고 있는 열대의 토양은 상대적으로 비옥도가 떨어지는 붉은 색 라테라이트성 토양으로 이루어져 있다. 비가 많이 내리기 때문에 토양의 유기물이 계속 씻겨나가고 산화무기물(철, 알루미늄 등)만 남는다. 여기에 더해 치열하게 경쟁하는 빽빽한 식물들이 겨우 남아 있는 유기물마저 남김없이 흡수하면서 토양은 더욱 척박해진다. 이러한 토양에서 4대 문명 지역에서와 같은 대규모 집약적 농업은 애당초 불가능할 수밖에 없다. 기껏해야 작은 규모로 숲에 불을 질러 농사지을 땅을 마련하고 타버린 재는 척박한 토양에 자양분으로 공급해 일정 기간 경작을 하는, 그리고 자양분이 소모되어 다시 토양이 척박해지면 다른 곳으로 이동해서 같은 과정을 반복하는, 이동식 화경火耕 농업 정도만 가능할 뿐이다.

이런 환경에서는 집단의 규모를 적정한 수준으로 작게 유지하고 시기에 맞춰 이동하면서 수렵채취 활동이나 목축 활동을 전개하는 것이 최상의 생존전략이었을 것이다. 사하라 이남의 열대 아프리카에서 지금 이 시대에도 아주 많은 종족집단이 작은 규모로 오랜 기간을 존속해오며 넓게 흩어져 분포하는 것도 바로 이런 이유 때문이다. 열대의 독특한 자연환경에서는 정착 지향적 생계농업이 발달할 수 없었고, 이에 따라 넓은 지역을 아우르는 강력한 중앙집권적 권력도 뿌리내리기 어려웠다.

## 발전한 문명을 누려야만
## 행복한 삶일까?

하지만 여기서 우리가 생각해볼 것이 있다. 4대 문명 지역에서 벌어진 정착 농경 사회로의 전환이 사람들의 삶을 발전시켰다고 단정적으로 말할 수 있을까? 문명 단계로 발전하지 못한 열대 지역 사람들은 이른바 '암흑'의 시기를 건디며 불행한 삶을 살아온 것일까?

우리는 서구의 역사 발전 과정이 곧 세계 모든 지역이 따라야 할

모델이고, 그렇게 해야만 결국 개개인의 행복이 성취될 수 있다고 생각하는 경향이 있다. 세계사 시간에 인류가 미개 – 야만 – 문명의 단계를 거쳐 '발전'을 해왔다고 배웠고, 이러한 단계를 도구 활용 기술의 변화와 연결해 석기 – 청동기 – 철기 시대가 순차적으로 이어져왔다고 배웠다. 19세기 사회진화론에 뿌리를 둔 이러한 사고는 문명이 곧 발전이고, 발전은 곧 행복을 가져다주는 긍정적인 변화임을 은연중에 우리 머릿속에 각인시켰다.

그런데 이미 1960년대 고고인류학의 실증적 연구들에 따르면 그러한 문명 발전론이 추론에 입각한 모호한 논리라는 점, 더 나아가 그것이 서구 중심의 식민제국주의 논리를 정당화하는 주장이라는 점이 밝혀졌다.[24] 그들은 고고학 발굴로 출토된 인골과 유물을 과학적으로 분석하고, 당대 지구촌 오지에서 여전히 수렵 – 채취를 기반으로 살아가고 있는 원주민 집단을 참여관찰 연구함으로써 문명 발전론의 도식적 사고가 결코 진리가 아님이 드러난 것이다.

열대 지역은 인간에게 결코 우호적인 자연환경이 아니고, 따라서 그 속에서 수렵–채취에 의존했던 미개와 야만의 단계가 삶의 행복과는 거리가 멀었으리라는 것이 문명발전론의 추론이다. 하지만 실제로 수렵–채취 집단은 오히려 식량자원을 풍성하게 확보할 수 있었고, 자연생태계의 지속가능성을 유지할 수 있도록 환경과의 조화도 추구해나갔다. 자연환경이 상대적으로 열악하다 해도 집단 규모를 축소함으로써 효과적인 적응전략을 구사했다. 과도하게 노동하지 않고, 집단구성원 간 평등한 자원 배분이 이루어졌으며, 충분한 여가활동도 누릴 수 있었다. 이와 관련해 그들의 정신세계도 고도로 체계화되어 있음이 밝혀졌다. '공유지의 비극'이 일어나지 않는 평등한 공동체였던 것이다. 그런데도 서구 문명 사회의 일방적인 기준으로 이들의 삶을 불행했다고 단정 지을 수 있는 걸까?

우리가 신석기 혁명이라 부르는 농경문화는 사회적 관점에서 보면 물질의 혁신과 진보가 이루어졌으나 개개인의 관점에서 보면 구성원 모두의 삶의 질이 개선된 것은 아니다. 단일 작물로 특화된 식량자원 생산 방식은 자연환경 변화에 취약할 수밖에 없기에 생산 계층을 구성한 대부분의 민초들은 높은 강도의 노동을 강요당하면서 고단하고 궁핍한 삶을 살아야만 했다. 이러한 삶이 영양상태의 심각한 불균형을 초래했음이 고고학 발굴을 통해 증명되고 있다.

이와는 달리 열대 지역에서는 비록 문명에 다다르지는 못했을지언정 집단의 규모를 적절하게 제한하는 방식으로 개인과 공동체가 채워야 할 욕망의 그릇을 작게 빚음으로써 오히려 풍요와 행복을 취할 수 있었다. 이러한 '원초적 풍요 사회'*는 자연환경과의 조화, 공동체 생존을 추구하는 평등의 정신 등이 그 바탕에 깔려 있다. 이러한 전통적 생활방식은 오늘날 아프리카에도 이어져 '우분투ubuntu'라고 하는 공동체 지향적 정신의 뿌리를 이룬다. 이 정신의 핵심은 자연환경이 허락하는 범위 내에서 공동체 모두가 함께 생존을 위해 노력하

---

* '원초적 풍요 사회'는 인류학자 마설 살린스가 1972년에 『석기시대 경제학』에서 처음으로 제안한 개념으로 풍요로운 사회에 대한 기존의 패러다임을 획기적으로 뒤집어놓았다.

는 조화롭고 평등한 관계다. '우리가(당신이) 있기에 내가 있다'는 집단 지향적 인식은 개인보다 공동체를 먼저 생각하는 정신이다.[25]

우분투 정신은 지구촌 공동체를 이루며 살아가는 이 시대의 우리에게도 시사하는 바가 적지 않다. 현대사회의 자본주의 경쟁의 원리에 입각한 개인의 행복 추구 과정은 필연적으로 빈부격차를 만들어냈고 경쟁에서 뒤처진 사람들의 불행을 암묵적으로 당연하게 여겨왔다. 물질적 풍요의 시대이지만 정신적으로 불행하다고 느끼는 사람들이 점점 더 많아지고 있다. 21세기를 전후로 한 시기에 괄목할 만한 경제성장을 이뤄내 선진국 대열에 합류한 우리나라는 어찌된 일인지 경제협력개발기구OECD 회원국 중 자살률이 가장 높다. 이런 사회 구조 속에서 열대의 '원초적 풍요 사회'가 구사하는 삶의 전략은 적잖은 울림을 준다.


## 가진 것은 나누고 다름을 배척하지 않는
## 아프리카의 농촌 마을

세렝게티 국립공원의 동쪽 밖에 위치한 인구 약 2만 명의 음토음부 Mto wa Mbu 마을에서 나는 '우분투'가 무엇인지를 경험할 수 있었다. 사바나 기후 지역에서 물이 풍부하게 모여 있는 곳에는 열대의 숲과 마을이 세트를 이루어 형성되어 있는 경우가 많은데 이 마을도 그런 곳 중 하나였다.

미로처럼 나 있는 마을 길을 따라 천천히 걸어 들어가자 작은 집들 사이에 조금 큰 시멘트 건물이 나타났다. 십자가 표시를 선명하게 달고 서 있는 개신교 교회였다. 수십 미터 떨어진 곳에는 초승달과 별 문양이 그려진 아담한 흙집 모스크가 나타났다. 다른 종교를 가진 사람들이 하나의 마을 공동체를 이루어 평화롭게 사는 모습은 이곳 동아프리카에서 흔히 볼 수 있는 낯익은 풍경이다.

마을 길 양옆으로 늘어서 있는 바나나, 망고, 아보카도, 야자 같은 나무들은 먹음직스러운 열매를 드리우고 있었는데, 아무나 따먹어도 문제없는 자연의 선물이었다. 사이사이 텃밭에는 키 큰 옥수수와 그 밑에 고구마와 시금치가 한 필지에 섞여서, 다른 곳에는 오이, 토마토 등 작물이 단독으로 자라고 있었다. 마을 한가운데에 있는 얼기설기 나무로 엮은 무인 상점에는 수확한 작물들이 진열되어 있었다. 필요하면 알아서 돈을 놓고 물건을 가져가는 식이었다.

길에서 마주치는 동네 주민들의 선한 눈빛과 느릿한 움직임은 그저 편안해 보였다. 호기심 많은 것은 역시 아이들이다. 무례하지 않게 한 발짝 떨어져 나를 빤히 쳐다보다가 눈길이 마주치면 천진한 미소를 짓고는 수줍게 고개를 돌렸다.

마을 밖 큰 도로로 나와 타마린드 나무 그늘 아래에 앉아 콩처럼 생긴 열매를 따먹었다. 멀리서 딸랑딸랑 깡통 부딪치는 소리가 들려 고개를 돌렸더니 청바지에 티셔츠를 입은 목동이 염소를 몰고 지나가고 있었다. 마을 사람들과 자동차도 모두 옆으로 비켜서며 길을 내줬다. 마을에 함께 사는 마사이족 주민들은 대체로 이렇게 가축을 기

음토음부 마을의 열대숲

음토음부 마을의 목축 행렬

음토음부 마을의 축구장

음토음부 마을의 무인가판대

르며 생활하고, 그 외 종족들은 농사를 지으며 생활한다. 전통적인 생활방식을 이어받아 서로 다른 생계경제와 문화를 유지하면서도 평화로운 관계를 유지한 채 공존하고 있었다.

마을길 입구에 연장 소리가 요란하게 울려 퍼지는 커다란 나무집으로 들어갔다. 서너 명의 남자들이 나무와 돌을 쪼고 갈면서 열심히 조각품을 만들고 있었다. 그 솜씨가 무척 훌륭했다. 관광객에게 내다 팔 조각품을 만드는 이 사람들은 모잠비크 난민과 그 후손들이었다. 1975년에 5명의 난민이 처음 들어와 정착했고 이후 뿌리를 내려 마을 공동체의 구성원이 되었다고 한다. 마을의 선주민들이 이들을 품어 재능을 발휘하고 생계를 이어갈 수 있도록 배려한 것이다. 국적도 다르고 종족도 다른 이들을 기꺼이 품어 자립의 길까지 열어주는 넉넉한 인심이야말로 열대의 원초적 풍요와 우분투 정신이 아닐까 생각해보았다.

아프리카는 양적인 경제 지표로만 따지자면 가난한 곳이 틀림없다. 하지만 공동체 정신과 지속가능성이라는 지표로 이야기한다면 오히려 그 어떤 선진국보다 풍요로운 곳일 수 있다. 예를 들면 열대우림의 파괴, 지구온난화, 빙하의 붕괴와 해수면 상승, 이상 기후의 증가 등은 생산과 이윤의 극대화를 추구하는 글로벌자본주의 경제성장의 결과다. 이대로라면 인류의 삶은 점점 더 위태로워질 수밖에 없다. 이제는 그동안 열등한 것으로 과소평가했던 열대 사람들의 삶의 방식을 우리가 배워야 한다. '원초적 풍요 사회'의 전제인 지연환경-인간의 조화로운 관계 원칙이야말로 빠른 속도로 옥죄어오는 이

시대의 절박한 환경문제를 바로잡는 데 가장 기본이 되어야 할 꼭 필요한 관념일 테니까.

여행지의 자연과 문화는 서구의, 혹은 한국 사회의 관점이 아닌 그곳에 사는 사람들의 관점에서 바라봐야 한다. 각각의 삶터에서 살아가는 그곳 사람들은 자신들의 자연과 문화의 체계 속에서 가장 바람직한 형태로 적응하며 행복한 삶을 향해 분투하고 있다. 그들과 내 삶을 비교해 생각해보되 내 기준으로 타인의 행복을 함부로 재단해서는 안 된다. 각 지역의 지리적 맥락은 당연히 다를 수밖에 없고, 그에 적응하며 가장 합리적으로 형성된 그곳 사람들의 삶의 방식 또한 제각각인 것은 너무도 당연한 일 아니겠는가?

제2장

·

# 해류와 계절풍을 타고
# 문화·인종·종교가
# 만나고 섞이다

·

유럽 대항해 시대 이전의

열대 지역

지구상의 열대 지역은 앞서 살펴본 것처럼 비어 있는 땅이 아니었다. 다만 인류 문명 발달의 핵심 지역에서 벗어나 전근대적인 단계에 머물러 있었을 뿐이다. 그렇다면 그들은 언제부터 외부 문명세계와 접촉하기 시작했을까? 흔히 알려져 있듯이 유럽 주도의 대항해 시대 이후가 되어서야 비로소 시작된 것일까? 유럽이 중세의 암흑기를 겪고 있을 때 오히려 수준 높은 문명을 발전시켰던 아랍 세계에서는 열대를 어떻게 인식하고 있었을까?

## 중세 아랍권 지도에
## 그려진 열대 지역

중세 아랍권의 지도 하나를 살펴보자. 1154년에 지리학자 알 이드리시가 제작한 세계지도다. 15세기 이전, 그러니까 유럽의 대항해 시대 이전의 세계지도 중 구대륙의 지리정보가 비교적 정확하게 묘사되어 있다. 이 지도를 살펴볼 때는 지도의 위쪽이 남쪽이라는 사실에 유념해야 한다. 따라서 180도 돌려 위아래를 뒤집으면 우리에게 익숙한 지도가 된다. 이슬람권에서 만든 지도이니 아라비아 반도의 성

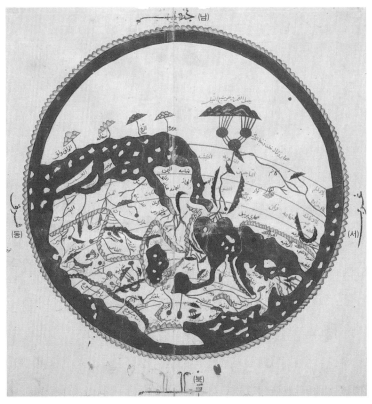

알 이드리시의 세계지도

지, 메카Mecca와 메디나Medina가 세계의 중심으로서 한가운데에 자리 잡고 있는 것은 쉽게 이해할 수 있다. 그런데 왜 남쪽을 지도 위쪽에 배치했을까?

지도를 자세히 살펴보자. 아랫부분인 북쪽 지역에 여러 가지 지리 정보가 상세히 담겨 있는 것을 확인할 수 있다. 그곳은 앞서 살펴보았던 유라시아 대륙 중위도의 동서벨트, 즉 4대 문명을 잇는 핵심지역을 포함한다. 특히 아라비아 반도에서 가장 가까운 곳에는 메소포타미아와 이집트 문명을 연결하는, 이른바 '비옥한 초승달 지대'가 있다. 이곳은 대하천과 많은 오아시스가 분포하는 인구 밀집 지역이다. 그리고 이스라엘과 레바논 일부를 제외하고는 대부분 현재 무슬림이 살고 있는 곳이다. 그리고 메카와 메디나는 이곳 무슬림 밀집 지역의 위쪽, 즉 남쪽에 위치한다. 우리 인간은 흔히 위-아래를 구분할 때 위를 더 좋은 것, 높은 것으로 생각하는 관습을 가지고 있다. 그래서 '신성한' 남쪽 지역을 지도 윗부분에 배치한 것이 아닐까 생각한다.

이제 지도에서 아라비아 반도보다 더 위쪽(남쪽)을 자세히 살펴보자. 이 부분은 사하라 이남의 열대 아프리카로, 지리정보가 거의 없는 빈 공간으로 놓여 있다. 아라비아 반도를 포함하여 그 아래쪽(북쪽) 지역에 지리정보가 빼곡하게 담긴 것과는 무척 대조적이다. 아라비아 반도의 오른쪽(서쪽)에 위치한 북아프리카에 나일강의 유로와 기원지, 그리고 사하라 사막의 여러 지리정보도 비교적 뚜렷하게 그려져 있다. 이를 통해 우리는 당시 문명의 동서벨트 지역에서 활발한 교류와 지리정보의 수집이 있었다는 것을, 반면에 사하라 이남의 열대 아프리카는 남북 간의 교류 없이 고립되어 있었다는 것을 추측해 볼 수 있다.

그런데 아프리카 중부와 남부의 텅 빈 내륙과는 달리 해안을 따라서는 4개의 지점에서 우산 모양으로 산과 하천이 표시되어 있어 눈길을 끈다. 어찌된 일일까? 중세의 아랍인들은 비록 아프리카의 내륙으로까지 진출하지는 못했지만 인도양을 활발하게 누비면서 적어도 그 해안과 섬들의 열대 지역에서는 탐험과 교역을 해나갔던 것이 확실해 보인다. 인도양 위에 수많은 섬들이 표시되어 있는 점도 바로 그 증거다. 실제로 당시의 여러 관련 유물, 유적들은 동아프리카의 인도양 해안과 섬 지역에서 쉽게 찾아볼 수 있다.

## 인도양을 넘어 태평양까지
## 열대의 바다를 누비던 아랍인들

이번에는 11세기 초 아랍권에서 미상의 저자가 편집한 천문지리서 『호기심의 책』*에 삽입된 인도양 지도를 살펴보자. 이 지도에는 흥미롭게도 인도양이 타원형의 호수 모양으로 닫혀 있는 형태로 그려져 있다. 알 이드리시의 세계지도에서 아라비아 반도의 왼쪽(동쪽)으로 이어지는 인도양이, 열려 있는 큰 바다로 그려진 것과는 대조적이다. 알 이드리시 이전 시대의 아랍인들에게 인도양은 두려운 망망대해의 미지의 세계가 아니라 활발한 항해와 교류가 이루어졌던 친근한 바다였음을 보여주는 증거라 할 수 있다.

---

\*   이 책의 아랍어 원제는 Kitāb gharā'ib al-funūn wa-mulaḥ al-ʿuyūn이며, '신기한 아트arts 와 시각적 즐거움의 책'이란 뜻이다. 당대의 아트는 역사, 천문, 기하, 문법, 논리학, 수사학, 산수 등을 망라한 분야였다. 간단히 '호기심의 책Book of Curiosities'이라 불리는 이 책에는 다채로운 지도가 포함되어 있어 당대 이슬람 세계의 세계관을 엿볼 수 있다.

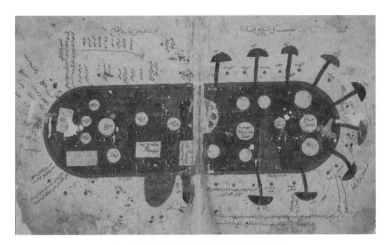

11세기 초 천문지리서 『호기심의 책』에 그려진 인도양

　이 지도의 중심에는 스리랑카섬이, 위쪽에는 잔지바르섬*이 그려져 있으며, 그 외 수 많은 섬들이 표시되어 있다. 해안을 따라서도 예멘, 소팔라**, 인도, 튀르키에, 그리고 중국까지 표시되어 있다. 여기서 중국이 표시된 것에 주목할 필요가 있다. 이는 그들의 활동 범위가 인도양을 넘어 태평양까지 이어져 있었고, 이 두 바다를 트여 있는 하나의 대양으로 인식하고 있었음을 보여준다.

---

＊　탄자니아 앞바다에 위치한 이 섬은 중세 아랍인이 일찍이 정착하여 다양한 활동을 전개해 나갔다. 1963년 영국 식민지배를 벗어나 원래 독립국으로 출범했으나 이듬해 탄자니아로 귀속됐다. 전설의 록 그룹 퀸의 리더, 프레디 머큐리의 고향인 이 섬의 스톤타운은 유네스코 세계 문화유산으로 등재되어 있다.
＊＊　지금은 폐허가 된 모잠비크 해안의 역사도시다. 10세기부터 아랍세력이 진출해 내륙으로 연결되는 하천을 통해 금을 거래했고, 이후 포르투갈이 점령해 금 거래를 장악하고 요새를 건립했다.

이처럼 중세 아랍권의 세계 인식과 활동 범위는 이미 태평양 쪽의 동아시아 끝자락까지 구대륙 전체를 아우르고 있었다. 심지어는 당대 한반도의 신라에도 진출해서 활발히 교류했던 것으로 보인다. 예를 들어 앞서 소개한 알 이드리시의 세계지도는 중국 동남쪽 해상에 위치한 5개의 섬에 '신라Silla'라는 지명을 붙여 소개하고 있다.[26] 비록 반도가 아닌 섬으로 잘못 알고 있었지만, 어쨌든 그들의 지구 인식 범위가 한반도까지 뻗어 있었다는 점은 분명한 사실이다.

이들이 열대의 해로를 따라 인도양을 넘어 태평양까지, 그리고 더 멀리 한반도에까지 이르러 교역하거나 정착했던 사실은 당대 아랍 쪽 사료를 통해 최근 점점 더 많이 밝혀지고 있다. 또한 통일신라와 고려 쪽의 다양한 문헌기록에도 교류의 흔적이 제법 많이 남아 있다 (이에 대해서는 3부 6장에서 자세히 살펴볼 것이다).

중세 아랍인이 한반도에 남겨놓은 흔적들은 구전으로 오늘날의 우리에게까지 전해지기도 한다. 박완서의 소설 『그 많던 싱아는 누가 다 먹었을까』에는 "고려가 전성을 누릴 때 멀리 아라비아 상인까지 교역을 하러 드나들어 약대(낙타)를 매 놓은 데서 그 이름이 유래했다는 '야다리'는 개성 사람들에게 가장 친근한 다리였다"는 대목이 나온다.[27] 개성 사람들 사이에 전승되어온 이 이야기는 고려시대의 도읍지이자 국제도시였던 개경에서 아랍인들이 활발하게 활동했음을 짐작케 해준다.

## 인도양~태평양의 활발한 문화 교류를
## 탄생시킨 지리적 조건

인도양은 북쪽으로는 아라비아 반도와 인도, 동쪽으로는 동남아시아, 서쪽으로는 아프리카로 둘러싸여 있고, 유일하게 남쪽으로만 트여 있다. 그래서 대부분의 해안과 섬들이 회귀선 안쪽에 분포해 열대와 아열대의 기후가 탁월하게 나타난다. 규모 면에서도 인도양은 북쪽이 거대한 유라시아 대륙으로 막혀 있어 남북으로 넓게 트여 있는 태평양과 대서양에 비해 상대적으로 작은, 일종의 호수 같은 느낌을 준다. 특히 적도 주변 인도양의 열대 지역을 보면 인도 반도와 스리랑카섬이 남쪽을 향해 돌출해 있어 동서를 이어주는 징검다리 역할을 하기에 안성맞춤이다.

또 하나 주목할 것은 인도양과 태평양의 연결성이다. 즉 인도양의 서쪽에는 거대한 대륙 아프리카가 놓여 있어 대서양과 차단되어 있지만, 동쪽으로는 믈라카 해협을 통해 동남아시아의 태평양 연안으로 곧바로 연결되어 있다. 인도양의 열대 항로가 자연스럽게 동쪽으로 이어져 동남아시아를 지나 태평양으로, 다시 동남아시아의 해안을 따라 북쪽으로 동부아시아까지 다다를 수 있었던 것이다.

인도양 열대 지역에서 아주 먼 옛날부터 이동과 교류가 활발히 이루어질 수 있었던 배경에는 해류의 흐름도 큰 역할을 했던 것으로 보인다. 적도 부근에서는 북적도 해류와 남적도 해류가 동에서 서로 흐르고, 그 사이에는 적도 반류가 서에서 동으로 흐른다. 따라서 이 해

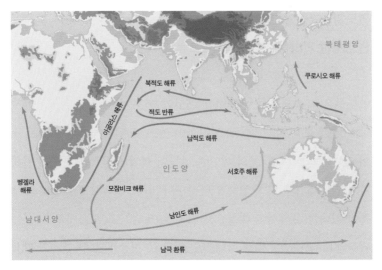

북태평양

쿠로시오 해류

북적도 해류

적도 반류

아굴라스 해류

남적도 해류

인도양

서호주 해류

벵겔라
해류

모잠비크 해류

남인도 해류

남대서양

남극 환류

인도양의 해류

류들을 잘 이용하면 원하는 곳으로 어렵지 않게 이동이 가능했다. 아울러 인도와 동남, 동부 아시아에서 뚜렷하게 발생하는 계절풍도 지역 간 활발한 교류에 도움을 주었다. 계절풍에 관해서는 다음 장에서 믈라카 이야기를 통해 자세히 살펴보겠다.

이처럼 15세기 이전에도 아랍인들을 중심으로 한 비유럽 사람들은 인도양과 태평양을 넘나들며 저위도 열대 지역에서 활발하게 교류했다. 그런데도 우리는 열대 지역을 포함한 비유럽 지역이 유럽 세력의 발길이 닿기 시작한 15세기 이전까지 마치 '비어 있는' 땅이었던 것으로 생각하는 경향이 있다. 이는 유럽 서구 중심의 편협한 세계사와 세계지리 인식이 아닐 수 없다. 이와 관련한 구체적인 사례와 현재까지 남아 있는 교류의 흔적들을 자세히 살펴보자.

# 유럽세력 진출 이전의
# 인도양 문화권

유럽의 대항해 시대 이전에 이미 인도양 연안에는 열대의 자연환경에 기반을 둔 원주민 토착 문화와 더불어 아랍, 인도, 동남아시아, 그리고 중국에 이르기까지 다양한 문화가 상호교류하며 지역마다 독특한 모습으로 자리잡고 있었다. 특히 아랍인들은 해류와 무역풍, 계절풍 등을 잘 활용해 인도양 전역에서 활발하게 교역을 주도했다. 이러한 지리적 특성은 15세기 이후 유럽세력이 인도양에 진출할 때도 영향을 미쳤다. 따라서 다양한 문화가 서로 만나고 섞여 결국 독특한 '인도양 문화권'이 형성되는 것은 자연스러운 현상이었다.

무엇보다도 가장 큰 변화는 이슬람교의 확산이었다. 동아프리카 해안에서부터 중동 지역, 파키스탄과 인도의 해안, 뱅골만 연안(방글라데시)을 지나 믈라카 해협의 말레이시아와 인도네시아에 이르기까지 인도양을 둘러싼 해안의 모든 지역에서, 그리고 휴양지로 유명한 세이셸 군도, 모리셔스, 몰디브 등 대부분의 섬 지역에서 이슬람교가 주류 종교로 자리 잡았다.

동아프리카의 소통어lingua franca인 스와힐리어도 유럽세력이 진출하기 이전에 인도양을 누볐던 아랍인들의 영향력을 보여주는 증거다. 스와힐리어는 현재 동아프리카의 많은 나라에서 쓰이는 공용어로 탄자니아 앞바다의 잔지바르섬에서 기원한 것으로 알려져 있다.[28] 이는 인도양을 통한 활발한 문화교류의 과정에서 아랍어, 인도(힌두스탄)어, 말레이어 등 다양한 언어가 섞이며 만들어졌다. 더 나아가 15세기 이후에는 포르투갈어도 섞이는데 이 중 가장 큰 영향을 끼친 언어가 바로 아랍어다.

이제 이러한 문화 섞임 현상이 뿌리내린 마다가스카르와 중국 명나라 때 정화의 대항해를 통해 유럽세력 이전 활발했던 인도양 문화 교류의 흔적들을 자세히 살펴보자.


## 아프리카 본토와는 사뭇 다른
## 마다가스카르의 문화 특성

바오바브 나무로 유명한 아프리카 남동부의 섬나라 마다가스카르에는 현재 아프리카계, 아랍계, 인도계, 동남아시아계 등의 다양한 이주민이 가져온 문화와 식민지 시대 프랑스 세력이 가져온 문화가 섞이면서 아프리카 본토 지역과는 상당히 다른 독특한 문화가 자리잡고 있다.

인종 특성부터 살펴보자. 먼저 2023년 현재 마다가스카르의 대통령 안드리 라조엘리나의 사진을 보자. 아프리카 흑인과는 거리가 먼 그의 얼굴 모습이 무척 이채롭다. 그는 마다가스카르의 18개 종족집단 중 가장 다수를 차지하는 메리나족 출신이다. 이 종족의 뿌리는 기원전 4세기~기원후 6세기 사이(혹은 기원후 3~6세기)에 동남아시아의 순다열도에서 건너온 오스트로네시아인이고, 이후 시간이 지나면서 아프리카인, 아랍인, 인도인 등 과 섞이면서 오늘에 이르렀다. 아랍인들은 이보다 늦은 기원후 7~9세기에 섬의 북부 지역에 도 착했고, 아프리카의 반투족과 인 도인은 더 늦게 기원후 11세기가 되어서야 유입됐다.

메리나족은 아프리카 본토와 는 완전히 다른, 아프리카에서 유일하게 오스트로네시아어족에 속하는 말라가시어를 사용한다. 마다가스카르로 이주해온 오스트로 네시아계 집단이 당연히 그들의 언어도 함께 가져왔기 때문이다. 오 늘날 이 나라에는 공식적으로 전통의 말라가시어와 식민지 시대의 프랑스어가 공용어로 지정되어 있다.

이 언어와 가장 유사한 언어는 인도양과 태평양 너머 동남아시아 보르네섬 여러 원주민의 언어들(바리토어군)이라고 한다. 또한 서태평 양 연안과 섬 지역의 인도네시아어, 말레이어, 타갈로그어, 하와이어 등과도 유사성이 높다고 한다. 마다가스카르에서 보르네오섬까지는 약 7천 킬로미터에 이르는 먼 거리지만 이들의 이주에는 거리 자체 가 장애요인이 되지 않았다. 이후 아랍권 및 아프리카 본토와의 이주 와 교역을 통해 아랍어, 반투어 등도 섞이게 된다.

종교적으로는 대체로 전통 토착종교 50퍼센트, 기독교 41퍼센트,

마다가스카르의 농촌마을과 계단식 논

이슬람교 7퍼센트의 비율을 보인다. 그런데 명목상의 종교 구분과는 상관없이 실제 일상생활에서 뿌리를 깊게 내리고 있는 것은 토착종교의 관습들이다. 비교적 최근에 유입된 이슬람교는 기독교와 이 토착종교의 관습들과 혼합되어 대단히 독특한 모습으로 재구성되어 있다. 그중 한 예가 '파마디하나famadihana'다. 일명 '뼈 뒤집기'라는 의식으로, 죽은 자들에 대한 존경의 표시로 이미 매장되어 있는 유해를 다시 끄집어내어 수의를 갈아입힌 후 다시 매장을 하는 토착의 장례 의식인데 모든 종교에서 행하고 있다.

쌀밥을 주식으로 하는 음식문화도 무척 이채롭다. 물론 아프리카 본토에도 쌀이 생산되고 식재료로 사용되기는 하지만, 전체 아프리카에서 쌀밥을 '주'식으로 삼는 곳은 이곳이 유일한 듯하다. 이는 이곳의 음식문화가 아프리카 본토보다 동남아시아 쪽과 더 밀접하게 연결되어 있음을 보여준다.

　마다가스카르의 동남아시아 계통 이주민들은 중앙고원의 습윤한 곳에 정착하면서 대규모의 벼농사 경관을 만들어냈다. 메리나족이 집중 거주하는 이 벼농사 지역은 마다가스카르에서 인구밀도가 가장 높은 곳으로 수도 안타나나리보^Antananarivo가 이곳에 있다. 특히 무역풍의 영향을 받아 강수량이 풍부한 동쪽의 산지에는 계단식 논이 펼쳐져 있어 동남아시아 혹은 한반도의 어느 산지에 와 있는 듯한 착각을 불러일으키기도 한다.

## 인도양과 태평양을 휘저었던
## 정화의 대항해

동아프리카 인도양 연안에서는 최근 중국 명나라 때의 도자기 파편과 동전 같은 유물이 심심찮게 발견되고 있다. 이는 아랍인 외에 중국인들도 이곳에 도착했다는 증거인데, 이와 관련해 주목할 인물이 있다. 중국 명나라 시대의 정화鄭和다.[29]

　1405년 명나라의 이름을 세계에 알리라는 영락제의 명을 받은 정화는 대선단을 꾸려 바닷길을 통한 교역과 탐험에 나섰다. 이는 포르투갈이 인도를 향해 첫 배를 띄운 1415년보다는 10년, 희망봉에 도달한 1488년보다는 83년이나 앞선 때였다. 시기만 앞선 것이 아니라 선박의 크기나 기술, 항해단의 규모 면에서도 비교가 안 될 만

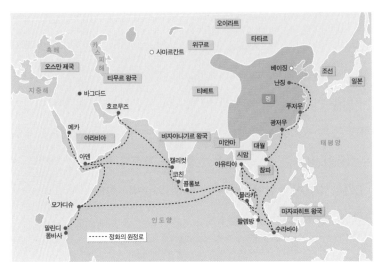

두 대양을 아우르는 정화의 원정로

큼 압도적이었다. 이후 정화의 대항해는 7차례에 걸쳐 총 40개국 18만 5천 킬로미터를 누비며 28년간 이어진다. 중국의 고서는 이를 '하서양下西洋'이라고 기록해 놓았는데 중국 남쪽과 서쪽으로의 항해라는 뜻이다.

당시 중국에서 '서양'은 보르네오 섬을 기준으로 그 서쪽의 믈라카해협과 인도양 일대를 뜻했다. 정화의 하서양은 처음에는 동남아시아 일대에서 이루어지다가 점차 서쪽을 향해 인도양으로 연장되었고, 마침내 지금의 아프리카 케냐의 해안(말린디와 몸바사)에까지 이르게 된다. 중국의 기록에는 이곳 몸바사가 '만팔살慢八撒(중국어 발음은 만바싸)로 명기되어 있다. [30]

정화의 선단이 들렀던 곳 중에서 현재 중국계 이주자가 다수 분포하는 도시에는 그의 행적을 기리기 위한 동상이나 모스크가 세워져 있기도 하다. 대표적인 곳이 인도양-태평양 항로의 중요한 기항지였던 믈라카다. 1405년 첫 항해 때 믈라카에 도착한 정화의 일행 중에는 아예 이곳에 정착해 중국의 동남아시아 및 인도양 진출의 받침돌 역할을 한 사람들이 있었다. 그 후로 많은 중국계 화교들이 유입되었고, 이들은 정화를 정체

정화의 동상(믈라카)

성의 뿌리로 여겼다. 이러한 자부심과 정화에 대한 추앙심은 믈라카 곳곳에 설치되어 있는 정화의 동상과 갤러리, 그리고 큰 규모의 박물관을 통해 확인할 수 있다.

자바섬의 북동쪽에 위치한 인도네시아 제2의 도시, 수라바야 Surabaya에도 정화의 흔적이 근사한 모스크로 재현되어 있다. 이 도시는 정화의 대항해 루트에서 가장 남쪽에 위치한 곳으로 당시 자바섬의 힌두교 왕국이었던 마자파히트 왕국의 중요한 항구도시였다. 인도양-태평양 항로를 따라 인도인과 힌두교 문화도 이미 이곳에 확산되어 있었던 것이다. 그런데 정화가 방문했을 당시 수라바야와 자

정화 모스크(인도네시아 수라바야)

바섬 곳곳에는 무슬림도 살고 있었고 그중에는 중국인 무슬림도 있었다고 한다.

이국 땅에서 같은 민족 사람을 본 것만 해도 반가웠을 텐데 정화도 역시 무슬림이었으니 이 만남은 무척 각별했을 것이다. 그들은 정화를 자신들의 정체성의 화신이자 삶의 희망으로 추앙했고 이는 오늘날까지도 이어져 그 후손들은 이러한 정화의 도착과 업적을 기리기 위해 2002년에 그의 이름을 새긴 '정화 모스크Muhammad Cheng Ho Mosque'를 건립했다. 이 모스크는 3단 높이의 중국식 팔각정과 기와집 모양으로 되어 있어 얼핏 보면 중국의 어느 전통 사원을 연상시킨다.

중국-동남아시아-믈라카 해협-인도 반도-아라비아 반도-동아프리카 해안으로 이어지는 정화의 항로는 약 100년 후 유럽 최초로 포르투갈 선단이 희망봉을 돌아 인도와 동남아시아를 거쳐 중국과 일본 해안에 이르렀던 그 항로와 비교했을 때 방향만 다를 뿐 그 범위가 거의 비슷하다.

하지만 영락제 사후 명나라 왕조는 1433년 이 항해를 전격적으로 중단해버린다. 굳이 바다 멀리 외국과 교류하지 않더라도 광활한 중국의 영토 내에서 필요한 모든 물품을 구할 수 있었기 때문이고, 대항해를 계속 진행하는 것은 비용만 들 뿐 이득이 없다고 판단했기 때문이었다. 만약 이 항해가 지속되었다면 유럽의 대항해와 부딪히면서 세계사의 판도가 전혀 다른 방향으로 전개되지 않았을까?

제3장

유럽의 탐험이
열대에 비극을 불러오다

유럽 대항해 시대 이후의
열대 지역

중세와 그 이전 시대에 이미 인도양, 태평양의 열대 지역에서 아랍인을 비롯하여 다양한 집단들 간의 교류가 활발히 이루어지고 있었음은 앞에서 살펴보았다. 그런데 15세기에 이르면 포르투갈을 시작으로 여러 유럽세력이 열대로 나아가는 대항해 시대가 열리고, 열대의 운명도 새로운 국면으로 접어든다. 이들이 인도양과 태평양은 물론이고 대서양까지 영역을 확장함에 따라 바야흐로 세계질서가 유럽 중심으로 재편되기에 이른다.

이 장에서는 스페인이나 영국 이전에 유럽 대항해 시대의 초석을 다져놓은 포르투갈이 어떻게 열대와 만났는지, 그리고 그것이 어떻게 유럽 중심 세계질서를 다지는 데 영향을 미쳤는지를 살펴보고자 한다.


## 구대륙의 끝,
## 포르투갈이 선도한 대항해 시대

대항해 시대가 시작되기 전, 유라시아 대륙의 동서로 뻗은 문명 벨트에서 유럽 쪽의 중심지로 영화를 누렸던 곳은 동지중해와 베네치아였다. 동양과 열대로부터 각종 진귀한 물건들이 실크로드와 아랍세계를 통해 유입됨으로써 베네치아는 당대 유럽에서 가장 부유한 도시로 성장했다.[31] 반면 유럽의 반대쪽 끝에 있던 포르투갈은 말 그대로 변방의 한적한 동네에 불과했다. 그들은 베네치아와 무슬림 상인들이 독점한 동서문물의 교류를 그저 바라만 보면서 열대의 진귀한 물건들을 제한적으로만 공급받았다. 그중 가장 탐내던 것은 열대작물 후추였다. 포르투갈은 이런 상황에 만족할 수 없었다. 어떻게든 아시아와 직접 교역을 하기 위해 방법을 모색했고 대단히 원대한, 하지만 무모해 보이는 프로젝트가 구상되었다. 그것은 다름 아닌 막혀 있는 육로가 아닌 대서양으로 눈을 돌려 해로를 개척하는 것이었다.

포르투갈의 이 같은 구상이 가능했던 데에는 지리적 위치가 중요한 역할을 했다. 대서양으로 돌출한 포르투갈의 위치는 구세계(유라시아 대륙)의 서쪽 끝이었으나, 한편으로는 신세계로 나아가는 시작이 될 수 있었다. 엔리케 왕자는 이 같은 발상의 전환을 구체화해 1415년 마침내 인도를 향한 첫 배를 출항시켰다. 인도, 중국과 직접 무역을 하고자 했던 그는 해로 개척을 전폭적으로 지원했고, 그래서 '항해왕자Navegado'라는 별명까지 얻었다.

엔리케 왕자가 이처럼 대항해를 열렬히 추진했던 데에는 또 하나의 이유가 있었다. 바로 기독교 전파다. 포르투갈이 위치한 이베리아 반도는 지중해 건너 북아프리카의 무어족 이슬람 세력에게 중세 내내(718~1492) 지배를 받았고, 15세기에 이르러서야 레콩키스타Reconquista, 즉 국토회복 운동을 통한 재정복이 완료되어 다시 기독교

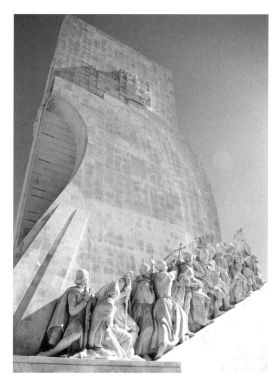

리스본 벨렝광장의 발견기념비

대륙의 끝이자 대양의 시작점인 포르투갈 호카곶

지역으로 돌아갈 수 있었다. 이 여세를 몰아 포르투갈은 지중해 건너 이슬람 세력과 전쟁을 벌이면서 기독교를 전파하고자 했다. 그리고 더 나아가 당시 기독교의 성지로 여겨진 에티오피아에 도달하려는 목적을 실현하기 위해 온갖 노력을 기울였다.

## 포르투갈 탐험대, 유럽 최초로 열대에 진출하다

포르투갈이 처음으로 열어젖힌 대항해 시대가 처음부터 순탄하게 진행되었던 것은 아니다. 무엇보다 당시 널리 퍼져 있던 열대 지역에 관한 미신이 발목을 잡았다.

북아프리카의 대서양 연안 카나리아 제도를 지나 바로 남쪽에는 현재 '서사하라'라는 국가가 있다. 그곳에는 북회귀선에 인접한(북위 26° 07′) 보자도르곶Cape Bojador이 있는데 그 남쪽으로는 당대 유럽에서 일명 '어둠의 바다Dark Sea'라고 불렸던 공포의 장소가 있었다(266쪽 지도 참고). 이 바다에는 괴물이 살고 낭떠러지가 있어 다시 돌아올 수 없으며* 더군다나 태양빛이 너무 뜨거워 피부색이 검게 변한다는 믿

---

* 이곳은 대체로 편서풍과 무역풍이 갈라지는 경계 지점이자 바다와 육지가 만나는 경계 지점으로 풍향과 해류가 복잡하게 얽히는 사나운 바다였다. 앞선 유럽의 탐험대들이 이곳을 지나 남쪽으로 가려다가 난파되어 사라져버린 경우가 여러 차례 유럽으로 알려지면서 이곳에 대한 공포는 더욱 커져갔다.

음이 유럽인들 사이에 널리 퍼져 있었다. 이런 이유로 포르투갈 탐험대, 그중에서도 특히 일반 선원들은 이 곳을 통과해 남쪽으로 나아가기를 한사코 꺼렸던 것이다.

이로 인해 엔리케 왕자의 강력한 지지와 명령에도 열네 번에 이르는 돌파 시도는 모두 실패로 끝나고 만다. 이 곳을 돌파하는 데 성공한 것은 그렇게 수십 년이 지난 1434년 질 이아네스 선장에 의해서였다.[32] 이로써 그들의 믿음은 그야말로 잘못된 상상이었음이 드러나게 되고 유럽인들의 공식적인 열대 지역 진출이 최초로 이루어지게 된다. 바야흐로 구대륙을 향한 거침없는 항해가 가속화하기 시작한 것이다.

포르투갈 탐험대가 가장 먼저 도착한 열대 지역은 서아프리카 연안, 지금의 세네갈이었다. 이곳은 이른바 '아프리카의 불룩한 배'에 해당하는 부분이며, 그중에서도 가장 돌출한 지점에 세네갈의 수도 다카르Dakar가 있다. 이곳을 지나면 가나, 나이지리아 등이 위치한 기니만Gulf of Guinea으로 이어진다.

'기니Guinea'라는 영어식 지명은 포르투갈어 '기네Guiné'에서 유래했다. 이는 당시 포르투갈 세력이 세네갈강에 진출해 마주하게 된 흑인을 지칭하는 용어인 '기네우스Guineus'에서 파생한 것인데, 요컨대 '흑인들이 거주하는 땅'이라는 뜻이다. 이 강을 경계로 그 북쪽 아프리카 땅에는 그때나 지금이나 대체로 백인 계열의 베르베르인(무어족)이 거주하고 있다. 이 '기니'라는 용어는 이후 기니, 기니-비사우, 적도기니, 파푸아뉴기니 등의 국가명으로, 그 외에 뉴기니섬, 기니만 등의 지명으로 고착화된다.


## 아프리카 최초의 교역소

포르투갈은 1482년, 열대 아프리카 땅에 최초의 교역소 엘미나 성 Elmina Castle을 건설한다. 포르투갈의 욕망이 한껏 투영된 이 성은 사하라 이남에서 가장 오래된 유럽 건축물로서 현재 가나의 영토에 속해 있다. 그 앞바다, 기니만의 해안 지명인 '황금해안', '상아해안', '노예해안' 등을 통해서도 이곳이 어떤 곳인지를 짐작할 수 있다.

포르투갈은 진귀한 열대상품뿐만 아니라 토착 흑인도 대규모로 포획해 거래했다. 엘미나 성은 이 같은 노예무역의 중요한 거점으로도 사용된, 식민제국주의 시대의 약탈과 착취의 역사를 오롯이 안고 있는 건축물이다.

노예무역의 흔적들은 이 외에도 세네갈의 고래섬Gorée Island, 감비아의 쿤타킨테섬Kunta Kinteh Island, 모잠비크섬Island of Mozambique, 탄자니아의 잔지바르섬 스톤타운Stone Town of Zanzibar 등 아프리카 해안을 따라 곳곳에 분포한다. 또한 대서양 건너 아메리카 대륙에도 신대륙 최초의 노예시장이 있었던 브라질의 살바도르Salvador de Bahia 부두를 비롯해 리우데자네이루의 발롱고Valongo 부두, 쿠바 아바나의 모로요새Castillo del Morro, 콜롬비아의 카르타헤나Cartagena 부두 등 그 흔적들이 도처에 남아 있다. 아프리카와 아메리카 대륙의 열대에 위치한 이 모든 유적은 유네스코 세계유산으로 지정되어 다크투어리즘의

세네갈 고래섬 전경(원형 건축물이 노예 수용소)

명소로 자리 잡았다.

## 희망봉 발견과 인도 항로 개척

기니만을 돌파한 후 남반구 아프리카의 대서양 연안을 따라 이어진 포르투갈의 신항로는 거침없이 연장되었고, 1488년에는 마침내 바르톨로메우 디아스가 희망봉을 '발견'한다. 여기서 잠깐! 우리가 무심코 사용하는 이 '발견'이라는 용어는 사실 유럽 중심의 세계사를 보여주는 단적인 증거다. 콜럼버스의 아메리카 대륙 '발견'도 마찬가지다. 유럽 사람들이 공식적으로 처음 그곳에 도착하였기에 유럽 사람들에게 발견된 것은 맞지만, 그곳에 이미 살고 있던 현지인의 입장에서는 '발견'이라는 말이 탐탁지 않을 것이다. '발견'이 단순한 조우와

하늘에서 내려다본 희망봉

희망봉 표지판

상호교류로 끝난 것이 아니라 정복과 착취의 제국주의 역사로 이어졌기 때문이다.

어쨌든 포르투갈이 희망봉을 발견하는 1488년은 스페인의 지원을 받은 콜럼버스가 대서양 건너 아메리카에 처음 도착한 1492년보다 4년 앞선 때였다. 수많은 시행착오와 고난을 겪어가며 결국 희망봉에 이르는 아프리카 대서양 연안의 항로를 개척한 포르투갈은 이로써 마침내 유럽 최초로 아프리카 열대 지역을 직접 경험하고 경략하게 된다.

이후 희망봉을 돌아 인도양의 동아프리카 해안을 따라서 북상하는 항해도 매우 빠른 속도로 진행됐다. 바스쿠 다 가마는 이 루트를 개척하며 희망봉 도착 후 불과 10년 만인 1498년, 인도 서부해안의 캘리컷Calicut(현재 지명은 코지코드Kozhikode)에 도착한다. 이렇게 인도 항로가 개척됨에 따라 유럽은 이슬람 세력의 중계 없이도 아시아와 직접 교류할 수 있게 되었는데, 이는 결국 유럽 주도의 식민제국주의 세계질서가 형성되는 계기가 됐다.


## 세계에서 가장 분주한 바닷길
## 믈라카 해협

16세기에 들어선 이후 포르투갈의 대항해는 아시아 대륙의 동쪽 끝으로 나아가기 위해 스리랑카, 믈라카 해협을 거쳐 태평양으로 진입

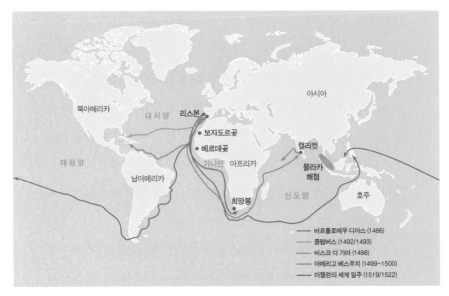

대항해 시대 개척자들의 항해 경로

화물선으로 가득한 오늘날의 믈라카 해협

하게 된다. 인도양과 태평양을 잇는 지리적 요충지인 믈라카 해협의 도시, 믈라카는 포르투갈이 진출하기 전부터 이미 비유럽 해양세력이 활발하게 활동하던 교역의 중심지였다. 포르투갈도 역시 이곳에 태평양 아시아 진출의 교두보를 확보하면서 동남아시아 최초의 유럽 식민지를 건설했다. 믈라카에는 이렇게 켜켜히 쌓인 다양한 문화의 흔적들이 고스란히 남아 있다.

이 해협은 인도양(인도)과 태평양(동남아시아)을 최단 거리로 이어주는 곳이기에 대항해 시대를 누비던 해양세력에게는 최적의 뱃길이었다. 그렇다고 해서 아무 때나 거침없이 항해할 수 있는 만만한 길은 아니었다. 인도양과 태평양의 저위도 열대 지역에서 해마다 반복되는 계절풍이 매우 강하게 영향을 미치는 곳인 데다가 해협의 폭이 좁아 더 강하게 바람의 영향을 받았다. 양쪽을 오가는 범선들은 계절에 따라 이동 방향을 잘 결정해야만 했다.

이런 이유로 믈라카는 양쪽 대양을 오가는 해양세력들이 항해의 적기를 기다리며 일정 기간 정박해야만 하는, 그래서 상호 간의 접촉과 교류가 활발히 진행될 수밖에 없었던 중요한 지점이 되었다. 믈라카 해협은 오늘날에도 세계에서 가장 분주한 바닷길이다. 물론 지금은 계절풍에 상관없이 기계동력 장치를 이용하는 대형 화물선이 사시사철 분주하게 오간다.

믈라카 식민지 경략으로 포르투갈은 아시아의 향신료 무역을 독점하게 되었다. 그뿐만 아니라 아프리카의 열대 지역에서는 황금과 상아, 그리고 노예를 반출하고, 인도양과 태평양의 아시아 열대 지역에서는 후추, 정향, 육두구 같은 향신료를 유럽으로 가져감으로써 큰 이익을 남겼다. 유럽의 변방에서 일약 세계를 주름잡는 중심국이 된 것이다. 믈라카는 이런 과정에서 열대 상품의 수송을 위해 반드시 통과해야만 하는 지리적 요충지였다.

포르투갈의 진출로 믈라카는 종교적으로도 큰 변화를 겪는다. 유럽의 대항해 시대가 시작되기 전 이미 이곳에는 말레이계 토착 샤머니즘 문화, 인도계 힌두 문화, 아랍계 이슬람 문화, 중국계 불교 문화가 공존하고 있었다. 그러던 것이 이제 유럽계 기독교 문화까지 자리 잡게 된 것이다. 한 자리에 모이게 된 다양한 종교문화들은 서로 충돌하고 갈등을 벌이면서 동시에 조화롭게 공존하는 양상으로 발전했다. 이 같은 독특한 역사와 문화 전통으로 믈라카는 유네스코 세계문화유산으로 지정되었다. 이에 대해서는 다음 장에서 자세히 살펴보도록 하겠다.

## 식민지 쟁탈전을 촉발한
## 포르투갈의 '향신료 제도' 점령

믈라카 해협에서 더 동쪽으로 나아가면 태평양으로 들어가 동남아시아에 닿게 된다. 동남아시아 해안지역(특히 인도네시아 섬 지역)은 인도의 해안지역과 더불어 열대 기후가 펼쳐지고 진귀한 열대식물이 들어차 있어 유럽인들에게는 또 다른 별천지였다. 포르투갈이 유럽

인도네시아 말루쿠 제도의 라구나 호수와 여러 섬들

동남아시아 지역의 위성 사진

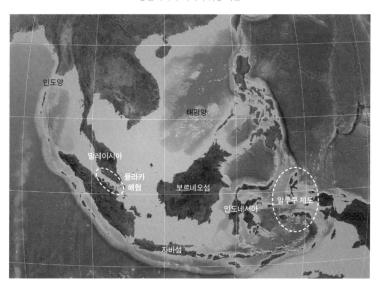

인도양

태평양

말레이시아

믈라카
해협

보르네오섬

인도네시아

말루쿠 제도

자바섬

최초로 믈라카를 점령한 후 그 항해는 동쪽으로 계속되었고, 지금의 인도네시아 영토인 자바Java를 거쳐 이듬해에는 말루쿠 제도Maluku Islands에 다다르게 된다.

당시 '향신료 제도Spice Islands'라고 알려져 있던 말루쿠 제도는 포르투갈 세력이 가장 귀중하게 여겼던 식민지다. 서쪽으로 술라웨시섬, 동쪽으로 파푸아섬, 남쪽으로 티모르섬 등으로 둘러싸인 이곳은 유럽인들이 열광했던 대표적인 열대작물인 육두구, 정향 같은 향신료의 원산지였다. 이전까지 향신료의 주된 공급처는 인도였으나 인도를 거쳐 이곳 말루쿠 제도까지 진출한 포르투갈은 바야흐로 인도양과 태평양 열대의 향신료 교역을 독점함으로써 구대륙의 주도권을 거머쥐게 되었다. 그리고 그 중간에 위치한 믈라카가 바로 이 두 향신료 산지를 중계하는 무역항으로서 핵심적인 역할을 하게 된 것이다.

이러한 포르투갈의 급격한 위상 변화에 자극받은 다른 유럽세력은 앞다투어 배를 띄워 치열한 식민지 쟁탈전을 전개해나갔다. 포르투갈의 뒤를 바로 이어 뛰어들었던 스페인은 우연의 결과로 신대륙을 '발견'하여 그곳을 경략하는 데 주력했기에 구대륙 항로를 장악한 포르투갈과 직접적으로 부딪치는 경우는 그리 많지 않았다. 그런데 스페인보다 늦게 뛰어든 네덜란드와 영국은 포르투갈의 항로를 그대로 뒤따라가며 포르투갈의 식민지를 빼앗아나갔다. 이러한 재점령의 과정이 이어지면서 유럽의 열대 식민지배는 20세기 중반까지 수백년 동안 이어지게 된다.

이처럼 오랜 기간 열대에서 이루어진 식민지배는 부를 축적하고 산업 발전을 가져오는 등 유럽에 큰 혜택을 가져다주었다. 하지만 식민지배를 받아온 열대 지역들은 그에 상응하는 혜택을 누리지 못했다. 한편에서는 유럽의 식민지배가 개발이라는 미명하에 열대 지역 근대화의 초석을 닦아주었다는 논리로 포장되어 논의되기도 한다. 경제적인 관점에서 그 결과를 어떻게 평가할 수 있을지에 대해서는 여전히 논란이 계속되고 있다.

그러나 문화적인 관점에서 유럽의 열대 지배가 어떤 결과를 나았는지에 대해서는 비교적 분명하게 이야기할 수 있다. 그것은 다름 아닌 '문화 섞임 현상'이 필연적으로 발생하게 되었다는 점이다. 앞의 3부 2장에서 살펴본 것처럼 포르투갈이 진출하기 전 비유럽 열대 지역에는 이미 다양한 종교와 문화가 서로 영향을 주고받으며 존재하고 있었다. 그런 상황에서 유럽세력의 진출로 기독교 문화가 새롭게 얹어졌고, 이 결과 더욱 다채로운 모습을 띠게 된다.

다음 장에서는 이런 문화 섞임 현상이 아시아, 아메리카, 아프리카 등 피식민지 열대 지역에서 어떤 양상으로 전개되어 오늘에 이르고 있는지, 여행을 통해서 확인할 수 있는 몇몇 사례를 들어가며 살펴보자.

제4장

———　•　———

# 서로 다른 문화가 만나
# 새로운 문화가 탄생하다

———　•　———

열대 지역에서의
문화 섞임 현상

요하네스버그 공항의 아프리카행 출국장에서 주변을 둘러보다 순간 어리둥절해졌다. 예상과 달리 승객 대부분이 백인이었기 때문이다. 아프리카가 아니라 유럽의 어느 대도시 공항에 와 있는 듯한 착각이 들 정도였다. 그들 중 상당수는 여행자겠지만, 말쑥한 양복 차림의 백인 신사도 보이고, 백인 수녀님도 보였다. 검은 아프리카에 사는 백인이라니. 내게는 그 풍경이 어색하게 느껴졌지만 이들 역시 과거의 역사와는 별개로 오늘날 그곳을 삶의 터전으로 삼아 일상을 살아가는 아프리카 사람들임에는 틀림없었다.

요하네스버그 공항 아프리카행 출국장 풍경

# 식민지배 후 열대 지역의 문화는
# 어떻게 달라졌을까?

대항해 시대 이후 식민제국주의의 세계는 인종과 민족의 대이동을 불러일으켰다. 유럽 식민세력이 최초로, 그리고 끝까지 집중적으로 경략했던 곳은 열대의 해안지역이었다. 15~16세기 포르투갈과 스페인이 처음 점령했던 해안의 도시들은 이후 영국, 프랑스, 네덜란드 등이 진출하면서 치열한 쟁탈전의 대상이 되었다. 그런 가운데 식민지배와 착취에 동원된 노예와 계약노동자들이 대규모로 새로운 곳으로 유입, 재배치됨으로써 인구 구성에 큰 변화가 일어났다.

이로 인해 서로 다른 문화들이 같은 지역에 자리를 잡자 한편으로는 문화 간 반목과 갈등이, 다른 한편으로는 공존과 융화가 자연스럽게 일어났다. 유럽세력 진출 이전부터 활발한 이동과 교류가 이루어지던 일부 지역에서는 특히 더 복잡한 양상으로 문화 섞임 현상이 전개되었다. 그런데 흥미로운 점은 열대가 펼쳐진 3개의 대륙(아프리카, 아메리카, (동남/남부)아시아)이 다소 간의 차이를 보이며 각각 독특한 모습으로 전개되었다는 점이다. 지금부터 그 차이를 살펴보자.

## 아프리카 열대 지역의 문화 섞임 현상

드넓은 아프리카 대륙은 사하라 사막을 포함한 북쪽 지역과 그 남쪽 지역 간에 인종과 문화가 확연하게 구분된다. 북쪽에 백인 계열의 아랍인과 베르베르인이 주로 분포하는 반면, 남쪽은 흑인 계열의 수많은 종족으로 구성되어 있다. 사하라 이남 아프리카를 따로 떼어내 '검은 아프리카Black Africa'라고 부르는 것은 바로 이런 이유 때문이다. 그런데 대항해 시대가 시작되면서 이곳에 포르투갈 세력이 발을 딛자 큰 변화가 일어나게 되었다.[33]

아프리카 대륙의 대서양 연안, 특히 기니만 주변 지역에서는 유럽인들이 토착 흑인들을 직접 지배하며 노예산업을 시작하고 플랜테이션 경영을 해나갔다. 백인들의 갑작스런 등장은 토착민 집단에 큰 경계심을 불러일으켰다. 더군다나 백인들이 이곳에 진출한 목적은 애당초 열대 상품 약탈과 기독교 전파, 그리고 노예 사냥이었기 때문에 상호 간 관계는 결코 우호적일 수 없었다. 게다가 대부분의 백인들은 열대우림과 사바나 기후의 혹독한 무더위를 감당할 수 없어 이 지역에 영구 정착하는 일도 매우 드물었다.

그런데 특이하게도 백인들이 대규모로 정착해 자손 대대로 살고 있는 곳이 있다. 지금의 남아프리카공화국 일대로, 현재 남아프리카공화국의 백인 인구 비율은 약 18퍼센트(혼혈 포함)에 이른다.[34] 식민지 시대에는 주변의 나미비아, 짐바브웨, 잠비아, 보츠와나 등 아프리카 남부 지역에도 백인들이 상당히 많이 정착했다. 이들 국가의 독립이 이루어지는 20세기 중반 이후부터 백인 인구가 계속 줄어들고 있기는 하나 그래도 현재 국가별로 1퍼센트 내외 정도 수준을 보이고 있다.

남아프리카공화국만을 놓고 보았을 때 전체 백인 인구 중 약 60퍼센트는 네덜란드계 이주민인 '보어인Boer'이 차지하고 있다. 이는 네덜란드어로 '농민'이라는 뜻으로, 실제 이곳에 이주한 후 그들 대부분은 농부가 되었고 그 전통이 오늘날까지 이어지고 있다.

흥미로운 것은 이 백인집단을 '아프리카너Afrikanner', 즉 '아프리카 사람'이라고 부른다는 사실이다. 이 명칭에는 이주자의 이력이 전혀 보이지 않는다. 심지어 마치 아프리카 토착민인 듯한 착각을 불러일으키기까지 한다. 이들은 아프리칸스어Afrikanns라는 독특한 언어를 사용하는데, 이는 네덜란드어를 기초로 하여 프랑스어, 말레이어, 토착 아프리카어 등이 섞여 만들어진 언어다. 네덜란드어의 방언 내지는 파생어라고 할 수 있기에 네덜란드 사람들과 의사소통에는 문제가 없다고 한다. 그럼에도 굳이 '아프리카너', '아프리칸스어'라는 용어를 쓰는 이유는 무엇일까?

이들이 처음 이곳으로 이주해간 것은 17세기 중엽이다. 이전까지 이곳은 앞서 살펴본 것처럼 포르투갈이 점령하고 있었다. 그런데 네덜란드가 밀고 들어와 인도네시아로 가는 항로의 중간기착지로 삼고, 이내 '케이프식민지'로 삼는다. 말루쿠 제도를 포함한 인도네시아의 많은 섬들 역시 마찬가지로 포르투갈이 먼저 점령한 곳이었으나 네덜란드가 빼앗아 결국 식민지로 삼았다.

이러한 배경에 힘입어 네덜란드인과 기타 개신교도들이 종교의 자유를 찾아, 새로운 삶터를 찾아 멀리 이곳까지 이주하게 된다. 이들은 대부분 농지를 개척하고 정착하는데, 이곳이 유럽의 기후와 유사했기 때문이었던 것으로 보인다. 이렇게 그들은 새로운 땅에 뿌리를 내리면서 고국 네덜란드와는 결별한 채 스스로를 '아프리카너'라 부르며 아프리카 '토착' 백인으로 자신들의 정체성을 만들어갔다.

뒤를 이어 18세기 중반에는 영국인들도 이곳에 들어와 세력을 넓히기 시작했다. 먼저 와 있던 보어인(아프리카너)들은 이에 저항하면서 보어전쟁을 일으키기도 했지만 결국 당시 세계를 주름잡던 대영제국의 위력에 굴복해 영국의 식민지가 되었다. 영국은 여세를 몰아 북쪽 내륙을 향해 지금의 짐바브웨, 잠비아의 주변 일대의 동남아프리카로 식민지를 확장해나갔다.

지금의 남아프리카공화국 영토 내에서는 백인들 중 보어인의 수적인 우위가 계속 유지되었고, 이를 바탕으로 정치적 주도권을 잡게 된다. 그리고 이들의 극우적 정치력은 진정한 선주민인 80퍼센트의 흑인(코이산족)들을 향한 차별정책으로 이어졌다. 아파르트헤이트(흑인격리정책) 같은 지독한 흑인 차별정책은 1994년 공식적으로 사라졌지만, 부유한 백인들이 사는 주택 단지의 담장 위에 설치된 전기 철조망처럼 그 흔적은 여전히 곳곳에 남아 여행자의 시선을 잡아끈다.

## 아메리카 열대 지역의 문화 섞임 현상

아메리카 대륙에는 빙하기 때 아시아에서 건너간 것으로 알려진 원주민*이 살고 있었다. 그러나 1492년 콜럼버스가 도착한 이후 상황

---

＊　미국에서는 이들을 흔히 '인디언Indian'이라 하고, 중남미에서는 '인디오Indio'라 하는데, 이는

은 급변하게 된다. 처음에는 스페인, 포르투갈 등 이베리아 반도 세력이 황금을 찾아서, 나중에 들어오는 영국, 프랑스, 네덜란드 등 서부유럽 세력은 열대작물을 생산하기 위해 전 대륙을 식민지로 지배했다. 그 과정에서 전염병과 전쟁으로 원주민 수가 급격히 줄어들자 대서양 건너 아프리카에서 흑인들이 노예 노동력으로 강제 이주를 당하게 된다.

이렇게 모여든 토착 원주민, 유럽계 백인, 아프리카계 흑인 사이에는 메스티소(원주민+백인), 물라토(백인+흑인), 삼보(원주민+흑인) 등으로 불리는 혼혈인종이 탄생했고, 자연스럽게 여러 문화들이 섞이게 되었다. 이후 지금껏 계속된 혼혈로 인해 한편에서는 더 이상 구분 짓기가 곤란한 부류의 사람들이 생겨나 인종의 스펙트럼이라 불릴 만한 상황에 이르게 되었다.

이러한 인종 간 섞임 현상은 위도 30도 안쪽의 열대 지역에서 분명하게 이루어졌다. 대체로 멕시코 이남의 중앙아메리카와 카리브 지역, 그리고 남아메리카의 저위도 지역이 이에 해당된다. 이와는 대조적으로 중위도 이상에 위치한 북아메리카(미국, 캐나다)와 남아메리카(아르헨티나, 우루과이, 브라질*) 지역에는 식민지 시대에 백인들이 압도

---

제국주의적 용어. 콜럼버스가 카리브 지역에 처음 도착했을 때 인도로 착각해 그곳 원주민들을 인도인이라 했던 것이 오늘날까지도 통용되고 있다. 이에 대한 반성이 확산되어 최근에 미국에서는 '네이티브 아메리칸Native American', 캐나다에서는 '퍼스트 네이션First Nations'으로, 중남미 스페인어권에서는 '인디헤나Indigena'로 부르기 시작했다. 이는 모두 토착민, 원주민이라는 뜻이다.

* 브라질 사람들은 우리가 얼핏 생각했을 때 흑인 계열의 혼혈이 다수를 차지하는 것 같지만,

쿠바 아바나의 주민들

해발고도 3,300미터에 위치한 페루 쿠스코의 원주민

적으로 많이 이주해왔고, 이들의 순혈주의가 지금까지 이어져오고 있다. 이 지역은 대체로 온대 기후가 탁월하게 나타나는 곳이기에 유럽인의 대규모 정착이 수월하게 이루어질 수 있었다.

그런데 이러한 인종의 분포와 혼혈 양상이 고도에 따라 각 지역별로 독특하게 나타난다는 점이 흥미롭다. 아메리카 대륙은 북미의 로키산맥이 중미의 시에라마드레산맥으로 이어져 파나마에 이르고, 여기서 잠시 끊어졌다가 다시 남미의 콜롬비아에서부터 칠레 남단에 이르기까지 안데스산맥이 태평양 쪽에 바짝 붙어 길게 치솟아 있다. 이 같은 자연지리적 특성은 고도에 따른 분명한 기후 차이와 각 기후대별 주력 인종의 차이를 만들어냈다.

흑인은 주로 저위도 저지대인 열대 해안지역에서 많이 볼 수 있다. 식민세력이 이곳에 조성한 열대 플랜테이션에 노예로 끌려온 흑인들과 그 후손이다. 베라크루즈(멕시코), 카르타헤나(콜롬비아), 헤시페(브라질), 아바나(쿠바) 등 대륙의 해안지역과 카리브 지역이 대표적으로 이곳에서 볼 수 있는 흑인 특유의 음악과 춤, 아프리카 전래의 토착종교 등이 다른 문화와 섞인 모습은 무척이나 인상적이다.

백인들은 주로 고도 1,000~2,500미터 정도의 중간산지에 주로 정착했다. 이곳은 일명 '상춘 기후'가 나타나 유럽 온대지역 출신 백인들이 정착하기에 안성맞춤이었기 때문이다. 이들이 정착한 도시는

---

선체인구의 절반이 자신을 백인으로 간주한다. 단지 6퍼센트만이 흑인으로, 그리고 40퍼센트가 혼혈이라고 간주한다.[35]

식민지 시대를 거쳐 오늘날까지도 여러 국가의 수도 또는 핵심도시 역할을 하고 있다. 멕시코시티, 보고타(콜롬비아), 키토(에콰도르) 등이 대표적이다. 지금은 이들의 혼혈인 메스티소가 인종의 대부분을 차지한다.

현재 고도 2,500미터 이상의 고산지역에 밀집해 살고 있는 이들은 원주민이다. 아마존 저지대의 오지에도 있지만, 그 수는 미미한 수준이다. 사실 이들은 아메리카 모든 지역의 주인이었던 선주민으로, 백인들에게 좋은 땅을 뺏기면서 '자기 땅에서 유배되어' 가장 열악한 곳으로 쫓겨났다. 과테말라, 볼리비아, 페루의 원주민 인구 비율이 상대적으로 높은 것은 그 나라들에 높은 산지가 많은 것과도 관련이 있다.

이처럼 아메리카 열대 지역을 여행하면서 마주하게 되는 인종의 차이는 자연지리적 특성과 더불어 각 인종집단이 겪었던 이주와 정착의 역사를 성찰해볼 수 있는 기회를 제공한다. 외모와 복장의 차이는 말할 것도 없고, 종교와 예술, 음식과 생활습관 등의 다채로운 차이가 여행자의 오감을 자극하곤 한다.

## 아시아 열대 지역의 문화 섞임 현상

아시아 대륙의 인도양과 태평양 해안지역에서는 포르투갈 세력이 진출하기 이전에 이미 말레이계, 인도계, 중국계, 아랍계 등 여러 인종과 민족이 해상교역과 이주를 통해 활발하게 교류하고 있었고, 이렇게 일정 지역에 공존하게 된 다양한 문화가 서로 섞이는 현상이 자연스럽게 이루어졌다. 이런 토양 위에 새롭게 진출한 유럽계 백인들도, 비록 영구적으로 정착하는 경우는 별로 없었지만, 아시아 곳곳에서 활동하며 자신들의 문화를 뿌려놓았다. 그럼에도 동남아시아 열대 지역의 문화 섞임 현상에 대해서는 상대적으로 덜 알려져 있다.

대항해 시대에 동남아시아 지역으로 유입된 유럽인들은 거의 대부분 백인 남성이었다. 이들과 토착 원주민 여성 사이에서 후손들이 태어났는데, 이들을 포괄적으로 지칭하는 개념이 '유레이시언Eurasian'이다. 그런데 이 개념과 관련해 백인의 출신국가와 지역적 특수성에 따라 지역마다 다양한 용어로 불리고 있다는 것이 흥미롭다. 예를 들면, 믈라카 해협 연안의 말레이시아와 싱가포르에서는 이들을 '크리스탕Kristang'이라 부른다. 말 그대로 기독교를 믿는 사람들이라는 뜻이다. '세라니Serani'라고도 불리곤 한다. 이들은 주로 포르투갈인과 토착 말레이족의 혼인으로 탄생한 혼혈과 그 후손으로 구성된다. 하지만 폭넓게 네덜란드계, 영국계, 유태인, 말레이계, 중국계, 인도계 등의 혼혈도 포함된다.

스리랑카에서는 백인 – 원주민 혼혈을 '버거인Burgher people'이라고 부른다. 이 역시 포르투갈계, 네덜란드계, 영국계 유럽인과 스리랑카 원주민 간의 혼혈과 그 후손을 말한다. 또한 인도네시아에서는 이들을 '인도인Indo people'이라 부르는데, 여기서 인도란 우리가 알고 있는 국가명 인도를 뜻하는 것이 아니라 문화적 용어인 '인도유럽계Indo-European'의 줄임말이다. 즉 여기서 백인은 주로 식민지 모국 출신인 네덜란드계를 뜻하며, 이들과 원주민 간의 혼혈이 바로 '인도인'인 것이다. 그 외 포르투갈계, 독일계, 영국계, 프랑스계, 벨기에계 등의 백인도 소수이긴 하나 이 범주에 포함된다.

문화는 문화 섞임 현상의 유무에 따라 크게 원형문화와 혼합문화로 구별해볼 수 있다. 원형문화가 특정 지역에서 과거에 뿌리를 둔 폐쇄적 문화라고 한다면, 혼합문화는 지역 간 교류가 활발해지면서 여러 문화가 섞여 만들어지는 개방적 문화다. 그럼 이제 동남아시아의 믈라카와 아프리카의 몸바사를 통해 문화가 어떻게 만나고 섞여 새로운 문화를 만들어내는지, 그 역동적인 과정과 결과를 살펴보자.


## 종교와 문화는 달라도
## 평화롭게 일상을 함께하는 사람들

믈라카의 시내 중심 해안가에는 '포르투갈 마을Perkampungan Portugis'이라는 곳이 있다. 앞서 소개한 백인-원주민 혼혈의 후예 '크리스탕'이 살고 있는 곳이다. 이들은 믈라카 해협을 따라 싱가포르까지 분포해 있는데, 이들이 만들어낸 혼종문화의 뿌리는 포르투갈계와 말레이계의 문화다.

이처럼 서로 다른 문화가 만나 한쪽으로 동화되는 것이 아니라 양쪽 문화가 적당히 섞이며 독특한 새로운 문화가 만들어지는 현상을

캄풍 클링 모스크(믈라카)(사진: 정예슬)

스리 포야타 힌두교 사원(믈라카)

쳉훈텡 불교 사원(믈라카)

성공회 교회(믈라카)

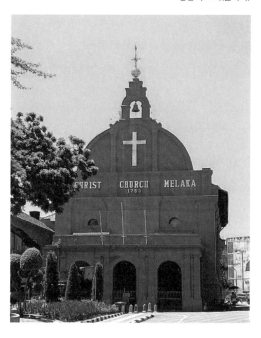

'크레올화creolization'라 하고 그 문화를 '크레올creole 문화'라고 한다.

## 인종과 종교의 전시장, 믈라카

믈라카 중심의 잘란 거리Jalan Tukang Emas에는 일명 '조화의 거리 Harmony Street'라 불리는 곳이 있다. 약 600여 미터 남짓(도보로 약 10분 정도)의 이 거리를 걷다 보면 다양한 종교 사원을 모두 만나볼 수 있다. 이를 건립 연도 순으로 나열하면 세인트 폴 가톨릭 성당(1521년), 쳉훈텡 불교 사원(1645년), 캄풍 클링 모스크(1748년), 성공회 교회(1753년), 스리 포야타 힌두교 사원(1781년) 순이다. 포르투갈과 네덜란드, 영국 등 식민세력이 순차적으로 들어오면서 유럽의 가톨릭과 개신교가 전파됐고, 그 이전과 이후에 꾸준히 유입되었던 인도계, 아랍계, 중국계 등은 이슬람교, 힌두교, 불교, 도교 등을 전파했다. 그야말로 인종과 종교의 전시장이라고 해도 과언이 아니다.

　이 거리가 여행자의 눈길을 끄는 이유는 나란히 자리 잡은 다양한 종교 사원뿐 아니라 그 신도들이 하나의 동네를 이루어 평화롭게 살아가고 있다는 사실 때문이다. 반바지를 입은 젊은 중국계 불교도 여성과 검은색 송콕(무슬림 남성이 머리에 쓰는 모자)을 쓴 무슬림 중년 남성이 이웃으로 살아가며 서로 정답게 인사를 나누는 모습은 여행자들에게는 낯설지만, 그들에게는 일상이다.

　흔히 종교가 다르면 삶의 방식과 세계관이 다르기에 상호 간의 소통이 제한적일 것이라고, 더 나아가 갈등이 벌어질 것이라 생각

페라나칸 음식 락사(사진: 정예슬)

하기 쉽다. 그러나 이곳 믈라카 사람들은 서로의 문화를 인정하고 각자의 삶이 서로 얽힌 일상생활 공동체를 형성하고 있었다. 종교의 차이가 항상 대립과 갈등을 불러일으키는 것은 아니며, 로컬의 일상생활 공간에서 얼마든지 평화롭게 조화를 이룰 수 있다는 것을 보여주는 좋은 사례다.

## 언어와 음식 문화에 담긴 크레올화의 흔적

언어와 음식은 크레올화를 보여주는 흥미로운 문화요소다. 믈라카의 크리스탕은 자신들만의 독특한 크레올어를 만들어냈는데, 포르투갈어 단어들을 말레이어의 문법으로 사용하는 방식이다. 약 5백년이 지난 지금도 그 명맥이 근근히 유지되어왔는데 최근에는 크리스탕

정체성 회복 운동의 일환으로 이 언어의 복원 작업이 이뤄지고 있다고 한다.

크리스탕 음식도 믈라카 해안지역에 자연스럽게 뿌리를 내렸다. 그중 가장 유명한 '데발 카레Kari Debal'는 각종 야채에 고기를 섞고 고추, 식초, 겨자 등을 듬뿍 넣어 아주 맵게 만들어낸 요리로 주로 크리스마스나 부활절이 지난 직후에 만들어 먹었다고 한다. '데발debal'은 크리스탕어로 '남은 음식'을 뜻한다. 열대 기후의 무더운 날씨에 가톨릭 축일에 만들었던 풍성한 음식 중 남은 것들이 상하는 것을 막기 위해 강한 양념을 가미해 다시 만들어 먹었던 음식 문화가 자리 잡은 것이다. 아주 매운 이 음식은 이후 영어 단어 'devil(악마)'과 유사한 발음 덕분에 '악마 카레Devil's Curry'라는 이름으로도 불리고 있다.

이 지역 크레올 음식 중 우리에게 가장 익숙한 것은 아마도 '락사Laksa'일 것이다. 이는 백인계 크레올이 아니라 다음에 설명할 중국계 크레올인 '페라나칸Peranakan'의 음식이다. 중국인들이 이주하면서 들여온 쌀국수(주로 중국 남부지방 출신이기 때문에)를 토착 말레이 식의 매콤한 국물에 넣는 조합에서 발전한 음식이다. 지금은 말레이시아, 인도네시아, 싱가폴 등의 국가를 대표하는 음식으로 인정받고 있다.


## 대표적인 다문화 혼종문화, 페라나칸

믈라카에는 '페라나칸'이라 불리는 또 하나의 흥미로운 크레올화 사례가 있다. 이 문화는 과거 이곳에 도착한 중국계 이주민 남성과 현지 토착민인 말레이계 여성 사이에서 태어난 이들을 중심으로 형성되었다. 이들 남성은 '바바baba', 여성은 '논야monya'라고 부르는데, 그래서 일명 '바바논야' 문화라고도 한다.

중국인들의 믈라카 진출은 포르투갈 세력보다도 앞선 14~15세기부터 조금씩 이루어졌다. 앞서 살펴본 대로 명나라 황제의 명을 받은 정화의 대선단이 1405년에서 1433년 사이에 7차례에 걸쳐 탐험과 교역을 목적으로 이곳 믈라카 해협을 지나 인도양 전역을 누비고 다녔다. 물론 그 이전과 이후에도 믈라카에 진출한 이들이 있었고, 18세기 이후부터는 본격적인 이주가 시작되었다. 현재 동남아시아 화인華人 사회의 뿌리가 바로 이때 믈라카와 동남아시아 전역으로 이주한 중국 남부 사람들이다.

양쪽의 문화는 혼혈을 통해 절묘하게 섞였고, 시간이 흐르면서 그 외의 다른 외래문화 요소들까지 받아들이게 되었다. 이렇게 형성된 새로운 문화는 의식주 모든 분야에서 사람들의 일상 깊숙이 자리 잡아 지역문화의 뿌리를 이루게 되었다.

원래 '페라나칸'은 '혼혈', '후손'을 뜻하는 용어로, '외래인과 토착민의 혼혈과 그 후손'이라는 포괄적인 의미를 담고 있다. 물론 중국계가 가장 큰 비중을 차지하기 때문에 이 말은 흔히 중국계 페라나칸과 동일하게 간주되곤 한다. 하지만 그 외에도 앞에서 살펴보았던 유럽계 페라나칸인 크리스탕, 인도계 힌두 페라나칸인 '치티Chitty', 아랍/인도계 무슬림 페라나칸인 '자비Jawi' 등 다양한 페라나칸이 존재한다.

## 다양한 종교 위에 펼쳐진
## 조화로운 삶의 터전, 케냐 몸바사

케냐의 몸바사는 열대몬순 기후의 도시이고, 내륙으로는 열대 사바나 지역과 연결되는 동아프리카의 관문도시다. 이러한 지리적 위치 때문에 예로부터 아프리카의 토착세력과 인도양으로 들어온 외부 세력 사이에 활발한 교역과 문화 교류가 이루어졌다. 이곳에서도 다양한 종교가 평화롭게 공존하는 모습을 직접 확인할 수 있다.

내가 몸바사의 올드타운을 방문했던 때는 11월 초의 오후 늦은 시간이었다. 고색창연한 건물 사이사이 미로형의 좁은 도로를 누비고 있을 때 갑자기 시원한 스콜이 쏟아졌다. 무더위가 기승을 부리는 열대 지역에서는 비가 기온을 낮춰주는 역할을 한다는 사실을 실감했다. 비를 피해 부랴부랴 작은 식료품 가게 처마 밑으로 뛰어 들어갔다. 스콜은 이내 잦아들었고 하늘의 빛깔도 다시 푸른색으로 바뀌어가고 있었다. 그때 창문을 두드리던 요란한 빗소리를 밀어내는 애잔한 아잔 소리가 골목 안쪽 깊은 곳에서 울려 퍼졌다. 그런데 가톨릭 신도라는 가게 주인아저씨는 그 소리를 듣고는 미소를 지으며 내게 지금이 몇 시인지를 알려주었다. 이곳에서는 타운 전체를 울리는 아잔이 종교에 상관없이 모두가 인정하는 '일상의 골목 시계'[36]와도 같은 것이었다.

몸바사 공항에서 택시를 타고 올드타운으로 이동할 때였다. 택시 안에 각종 기독교 악세사리가 장식되어 있어 물어보니, 우람한 체격의 30대 택시 기사가 자신은 침례교 신자이고, 아버지는 목사라고 소개했다. 가다서다를 거북이 속도로 반복하는 택시 안에서 나는 유쾌한 성격의 기사와 이야기를 나누며 창밖의 분주한 풍경을 감상하고 있었다. 그때 사리(힌두교 여자들의 복장)를 두른 인도계 행색의 눈먼 여인이 어린 아들의 손에 이끌려 도로를 건너며 우리 택시 옆을 지나갔다. 그 순간 택시 기사는 찰나의 망설임도 없이 동전 몇 닢을 아들에게 건네며 몇 마디를 주고받았다. 그 모자의 뒤를 눈으로 쫓으니 다른 기사들도 마찬가지였다. 가난한 나라의 사람들이지만 적선 문화가 일상화된 모습은 내게 신기함과 놀라움을 가져다주었다.

이번에는 목재를 한가득 실은 큰 트럭이 우리 택시 옆에 나란히 섰다. 이내 그 트럭 운전사의 고함소리가 우박처럼 머리 위로 내리떨어졌고, 택시 기사는 그를 올려다보며 또 유쾌하게 큰 소리로 농담을 주고받았다. 트럭 운전사는 흰색 모자를 쓴 무슬림이었고 동네 친구라고 했다. 나는 알아들을 수 없었지만, 그들의 스와힐리어 대화에서 뿜어나오는 허물없는 절친함은 충분히 느낄 수 있었다.

우리는 지구촌 곳곳에서 종교적 원리주의와 정치적 이데올로기가 거세게 작동해 격렬하게 부딪치는 뉴스를 자주 접하곤 한다. 그래서인지 종교와 정치의 다름이 갈등과 충돌로 이어지는 것을 당연한 일인 양 오해하곤 한다. 정말 그럴 수밖에 없는 것일까?

믈라카와 몸바사에서도 때때로 집단적 차이를 강조하는 정치세력이 등장할 때가 있다. 특히 외부에서 유입된 집단적 광기를 유포하면서 갈등을 조장하고 내부결속을 다져 권력을 강화해나가는 경우

성공회 교회(몸바사)

힌두교 사원(몸바사)

가 드물지만 발생하기도 한다. 그러나 내가 이곳들을 여행하며 확인한 것은 인간 삶의 저변을 구성하는 일상 생활 문화의 현장에서는 문화적 차이가 상호 간에 평화롭게 받아들여지고, 더 나아가 적절하게 섞이면서 새로운 문화로 재구성될 수 있다는 사실이었다.

사실 충격적인 갈등의 현장은 쉽게 뉴스화되기 마련이지만 평화로운 일상의 현

모스크(몸바사)

장은 뉴스거리가 되지 못해 우리의 이목을 끌지 못할 뿐이다. 이는 단일민족의 문화적 전통을 따라온 우리 한국인들에게 다소 낯설게 다가올지도 모르겠다. 하지만 최근 한국사회 내부적으로 증가하고 있는 인종과 문화의 다양성이 일상생활의 영역에서 어떻게 인식되고, 공동체의 구성요소로 어떻게 받아들여져야 하는지에 대해 열대의 문화 섞임 현상은 여러 가지 시사점을 던져준다.

제5장

자연환경의 한계를 기발한
상상력으로 뛰어넘다

열대의 글로벌도시 싱가포르

7월의 어느 날, 20여 년 만에 다시 싱가포르에 방문했다. 분주한 창이 국제공항을 빠져나와 싱가포르 시내로 들어가는 저녁 시간, 도심과 마리나베이를 수놓은 독특한 건축물들이 휘황찬란한 불빛을 내뿜고 있었다. 이 도시는 정말 아주 많이 변했다. 세계 경제의 중심으로, 매력적인 관광 명소로 확고히 자리 잡았다. 열대에 속해 있는 선진국 싱가포르! '열대는 가난하다'는 등식에 익숙한 우리에게 싱가포르는 참 예외적인 곳이다.

말레이 반도의 남쪽 끝에 위치한 덥고 습한 열대의 작은 '섬' 싱가포르는 1965년 말레이시아로부터 독립할 당시만 해도 참 별 볼 일 없는 곳이었다. 영국의 식민지 영토를 그대로 물려받은 말레이시아 정부는 이 섬을 그저 열대우림과 늪지대로 뒤덮인 쓸모없는 땅으로 판단했다. 게다가 말레이족의 땅, 말레이~'시아'가 되기에는 너무도 많은 중국계 이민족이 들어차 있기도 했다. 영국 식민지 정부가 새롭게 발전시켜놓은 싱가포르의 무역항 기능조차도 믈라카 해협의 기존 도시 믈라카, 페낭 등이 얼마든지 수행할 수 있으리라 자신했다. 결국 싱가포르는 말레이시아로부터 어쩔 수 없이 독립'당할' 수밖에 없었다. 그러나 이 같은 역사와 지리를 지닌 싱가포르는 불과 몇 십 년 만에 오늘날과 같은 열대 유일의 선진국으로 변신했다. 이 놀라운 변신이 가능했던 이유는 과연 무엇일까?

## 녹색도시 싱가포르의
## 근원이 된 열대 기후

북위 1도에 위치한 싱가포르는 계절풍의 영향을 받는 열대우림 기후가 나타나는 곳이다. 월별 평균기온을 살펴보면, 최고기온이 섭씨 29도(5월), 최저기온은 섭씨 27도(1월) 정도로 연교차가 2도에 불과하다. 반면 기온의 일교차는 연교차보다 더 커서 하루 중 한낮과 한밤의 기온 차이가 10도 정도에 이른다. 이는 전형적인 열대 기후의 특징으로, 열대의 도시를 여행하다 보면 야시장, 새벽시장 등이 활기차게 펼쳐지는 모습을 볼 수 있는 것도 큰 일교차 때문이다.

계절의 변화는 기온보다 강수에 의해 좌우된다. 싱가포르의 일년 총 강수량은 2,300밀리미터가 넘는데(우리나라는 1,300밀리미터, 세계 평균은 880밀리미터), 11월에서 2월 사이의 우기 동안에만 무려 매월 300밀리미터에 육박하는 비가 내린다. 우기가 되면 비구름이 늘 머물러 있으면서 때로는 일주일 이상 지속적으로 비가 내리곤 한다. 흥미로운 점은 이때 두터운 구름층이 햇빛을 차단해 오히려 조금이나마 기온이 낮아진다는 점이다.

반면 건기에는 맑은 하늘에 대류 현상이 활발하게 일어나 짧은 시간 동안 굵은 비가 쏟아져 내리는 스콜 현상이 자주 발생한다. 건기인 6월은 135밀리미터로 강수량이 상대적으로 적은 수준이지만, 강수일수만 놓고 보면 13일 정도나 된다. 거의 하루 걸러 한 번씩 비가 내리니 건기라는 말이 무색할 정도다. 이곳에서 '건기'라는 말은 비가 '안' 내린다는 게 아니라 상대적으로 비가 '덜' 내린다는 의미일 뿐이다.

이런 기후는 생명력 충만한 열대우림과 산호초를 화려하면서도 거칠게 펼쳐놓는다. 그러나 작은 면적의 섬에 들어선 신생 도시국가 싱가포르는 그런 자연환경을 천연상태 그대로 내버려둘 수 없었다. 경제개발을 위해 숲은 제거하고 바다는 매립해나갔다. 이 결과 오늘날 글로벌도시 싱가포르에서 열대의 자연환경을 원래 모습 그대로 경험하기는 거의 불가능하다.*

그렇다고 짙푸른 녹색이 완전히 사라진 것은 아니다. 싱가포르는 자연적 기반인 열대우림의 자연환경을 현대화된 글로벌도시에 자연스럽게 녹여내 녹색도시로 다시 태어났다. 싱가포르의 남북을 관통하는 도시철도 엠알티MRT를 타면 자연미와 인공미가 조화롭게 잘 정돈되어 있는 모습을 볼 수 있다. 천연의 거친 열대 자연은 사라졌지만 도시 곳곳을 싱그럽게 수놓은 인공의 녹지는 보는 이로 하여금 오히려 마음의 안정과 평화를 느끼게 해준다. 과연 어떻게 이 모든 것이 가능했을까?

---

* 조호르바루 해협에 떠 있는 싱가포르 관할 두 개의 작은 섬, 테콩Tekong섬과 플라우 우빈 Pulau Ubin 정도에만 비교적 넓은 규모의 열대우림이 원래의 모습과 비슷하게 보존되어 시민들의 안식처로 사용되고 있다.

## 열대의 환경은 어떻게
## 싱가포르의 일상이 되었나?

싱가포르 대중교통은 정확하고 쾌적하기로 이름이 높다. 특히 미끄러지듯 조용히 도로를 달리는 연두색 이층버스가 눈길을 끈다. 런던의 빨간색 2층 버스에 비하면 밋밋해 보일 수 있어도 열대의 초록 빛깔과 묘하게 잘 어울려 평온함을 가져다준다는 점에서 꽤나 매력적이다. 열대 환경이 일상 영역에 스며들어 있는 좋은 사례다.

이 외에도 열대의 자연환경을 보존하고 순응하며 조화롭게 살아온 싱가포르 사람들의 삶의 지혜는 도시경관 곳곳에 배어 있다. 이 도시에서 독특한 매력의 '열대'스러움을 찾아내는 일은 여행객들에게 재미를 넘어 감탄을 불러일으킨다.

### 싱가포르 보타닉 가든: 다양하고 독특한 열대 식물이 한자리에

싱가포르 고유의 열대우림을 시내에서 조금이나마 경험하고 싶다면 싱가포르에서 가장 오래된 식물원인 '싱가포르 보타닉 가든Singapore Botanic Gardens'만 한 곳이 없다. 수많은 열대 식물이 체계적으로 관리되고 있는 야외 공원이자 연구소인 이 식물원은 방문객이 편안하게 산책하면서 직접 체험할 수 있도록 정리가 잘 되어 있다.

이 식물원은 영국 식민지 시절인 1859년에 처음 만들어졌는데, 원래 주변 일대가 열대우림으로 빽빽하게 들어차 있었던 자리에 조

싱가포르의 대중교통 연두색 버스

성되었다. 당시 유럽 세력은 열대 지역에 대한 지식과 정보를 광범위하게 수집하고 이를 체계적으로 분석하는 작업을 대대적으로 진행했다. 영국은 바로 이곳에서 동남아시아 열대 식물, 특히 당시 아마존에서 이식되어 말레이반도의 대표적인 특산물로 자리 잡은 고무나무에 관한 과학적인 연구를 집중적으로 진행했다. 식민제국주의 시대 유럽의 열대 경영이 어디에 관심을 두고 있었는지를 잘 보여주는 대목이다. 지금도 이곳에서는 열대 식물의 보존과 연구가 계속되고 있으며 이러한 생태적, 역사적 가치를 인정받아 2015년에는 싱가포르 유일의 유네스코 세계문화유산으로 등재되었다.

식물원 중앙에는 세계 최대 규모의 난초 정원인 내셔널 오키드 가든National Orchid Garden이 있다. 1,000여 종의 야생종 난과 더불어 2,000여 종의 교배종 난을 전시하고 있는 이곳은 싱가포르가 열대의 자연환경을 어떻게 미래의 자산으로 삼고 있는지, 관련된 국가 정책의 기초와 그 지향점이 무엇인지를 엿볼 수 있는 의미심장한 곳이다.

열대 작물인 난은 싱가포르의 상징과도 같은 식물로서 1981년 국화國花로 지정되었다. 그런데 정확히 말하자면 국화로 지정된 난은 '반다 미스 조아킴Vanda Miss Joaquim'이라는 세계 최초로 만들어진 잡종란이다. 과학적 연구개발에 대한 정부의 적극적인 지원의 결과로 탄생한 이 난은 땅에 뿌리를 내리지 않고도 공기를 통해 직접 수분과 양분을 흡수해 아무 곳에서나 잘 자라는 신묘한 특성을 지닌다.

땅이 부족한, 그리고 열대의 환경에 처한 싱가포르가 과학기술력을 향상시켜 새로운 생명을 창조하는 데 주력하고, 더 나아가 이를 국가적 상징물로까지 지정했다는 사실은 지리적 한계를 극복하려는 싱가포르의 집요한 노력을 잘 보여준다.


## 샵하우스: 열대우림의 무더위를 이겨내기 위한 적응 전략

싱가포르 사람들이 일상에서 열대의 잦은 비와 뜨거운 햇볕에 어떻게 대처하고 있는지는 '샵하우스shophouse'라 불리는 독특한 건물을 통해서 확인할 수 있다. 이 건물은 1층에 필로티 혹은 베란다 공간을 만들어 위층을 천장 삼아 건물들을 쭉 이어놓음으로써 비와 햇빛을 피해 걸어 다닐 수 있도록 지어졌다. 최근에는 고색창연한 외관을 알록달록 색칠해 사진 촬영 포인트로도 여행객들에게 인기가 높다.

이 건축양식은 원래 유럽에서 도입되어 열대 자연환경에 맞게 변

비와 햇볕을 피해 통행로로 활용할 수 있도록 설계한 샵하우스

형된 것이라는 설이 있다. 이 설에 따르면, 1층에 넓은 베란다를 시
원하게 설치하는 유럽식 저택의 구조가 덥고 비가 많이 내리는 동남
아시아 열대 지역에 오히려 잘 들어맞았고, 따라서 영국 식민지배자
들이 이를 곳곳에 도입했다고 한다.

다른 한편에서는 원래 중국문화권에서 기원한 '기루騎樓'라는 이름
의 건물이 아시아의 열대 지역으로 확산된 것이라는 설도 있다. 중국
남부와 홍콩, 마카오, 대만 등에 널리 분포해 있던 이 건물은 흥미롭
게도 영국식민지 정부가 지배했던 곳들인 믈라카 해협의 연안지역
과 멀리 스리랑카로까지 확산되었다.

어느 설이 맞든 영국식민지 정부는 이 건축양식을 체계적으로 정
비했다. 즉, 인구밀도가 높은 동남아시아 열대 지역에서는 주거지와
상업공간이 같은 건물에 자리잡는 경향이 있던 데다가 인구는 더욱

증가하여 이런 건물들이 무질서하게 난립하자 19세기 초부터는 이를 도시계획 차원에서 가지런히 정비해나간 것이다. 그래서 1층에 상업용 점포shop와 베란다를, 그 위층에는 주거용 공간house을 배치하는 일종의 '저층주상복합' 건물들이 통일된 규격과 모양으로 도로를 따라 길게 이어지는 형태가 되었고, 그 결과 오늘날의 싱가포르 명물 샵하우스shop+house가 탄생했다. 이런 건축 양식은 지금까지도 영향을 미쳐 싱가포르 다운타운의 대형 고층빌딩에도 이러한 베란다형 공공보행로 개념이 적용된 곳들을 많이 발견할 수 있다.

## 호커센터: 생동감 넘치는 열대의 밤

시내 곳곳에 흩어져 있는 수많은 호커센터Howker center(음식 노점상 구역)도 열대의 환경에 적응하여 탄생한 싱가포르의 명물이다. 2020년 유네스코 무형문화유산으로 등재된 이 공간은 여러 가지 점에서 흥미를 자아낸다. 우선 열대의 무더위를 피하기 위해 역설적으로 집 밖의 넓은 공간으로 나가 햇빛을 가릴 수 있는 시설을 만든 것이 아닐까 상상해본다. 열대 지역에서는 무더운 기후로 인해 음식이 빨리 상하고, 이를 막기 위해 기름에 튀기거나 볶는, 혹은 불에 익히는 조리문화가 발달했다. 그래서 집 안의 폐쇄된 공간보다는 바람이 잘 통하는 야외의 트인 공간이 더 적합할 수 있다. 많은 호커센터가 이른 아침은 물론 늦은 저녁까지 시끌벅적하게 영업하는 것도 이와 관련이 있어 보인다. 기온의 일교차가 연교차보다 큰 열대 기후에서는 아침과

싱가포르 호커센터의 모습

저녁 시간이 상대적으로 선선하기 때문이다.

　호커센터가 싱가포르의 명물인 또 다른 이유는 다문화 사회의 특성을 음식 문화를 통해 그대로 보여준다는 점이다. 물론 특정 민족집단이 모여 사는 동네에서는 그들의 고유음식이 주류가 되겠지만, 그래도 대체로 중국식, 말레이식, 인도식, 심지어는 서양식과 때로는 한국식까지 다채로운 음식들이 제 모습 그대로, 혹은 적절하게 퓨전화되어 제공된다. 이렇게 교류와 혼합의 과정에서 탄생한 독특한 음식을 통칭해 '호커푸드'라고 부른다. 호커센터에서는 물가 비싼 싱가포르에서 저렴하게 식사를 해결할 수 있다. 물론 놀랄 만큼 다양한 재료와 코와 입을 자극하는 낯선 풍미도 여행의 재미를 더해준다.

　내가 묵었던 숙소 옆에도 호커센터가 있었는데 이곳은 주로 중국계 손님이 많이 이용하는 듯했다. 벽에 걸린 대형 메뉴판에는 중국 남방계 음식들을 중심으로 악어와 거북이 고기를 재료로 요리한 갖가지 낯선 음식들도 사진으로 걸려 있었다. 근처의 퇴식구에서 이곳의 다문화 특성을 잘 보여주는 표식을 하나 더 발견했다. 무슬림을 위한 할랄 퇴식구가 비할랄 퇴식구와 분명히 구분되어 있었다. 이슬람계와 중국계 음식의 식재료 중 가장 큰 차이는 아마도 돼지고기일 텐데 돼지고기를 엄격히 금지하고 그 외 식재료들도 할랄식으로 처리한 것들만 사용하는 무슬림을 위한 조치였다. 돼지고기가 담긴 적이 있는 그릇조차도 사용하지 않는 문화를 고려한 것이다.

호커센터를 비롯하여 싱가포르는 다채로운 밤문화를 즐길 수 있는 '가장 아름다운 야경도시'로 정평이 나 있다. 영롱한 불빛에 휩싸인 마리나베이는 물론이고, 싱가포르강 야간 유람선이나 야간 사파리 동물원도 활기찬 열대의 밤을 아름답게 수놓는다. 이처럼 휘황찬란한 경관에 매료되는 눈부신 시각과 눅진한 열대 밤공기에 휘감기는 촉각에 더하여 호커센터가 뿜어내는 들큼한 후각과 열대 향신료의 되직한 미각, 그리고 열대 밤하늘을 휘젓는 활기찬 청각까지, 싱가포르의 밤은 오감이 분주하게 교차하는 호화로운 별천지다.


## 최첨단 기술로 창조된 인공 열대우림,
## 가든스 바이 더 베이

싱가포르의 '독특한' 열대우림을 감상할 수 있는 또 다른 명소는 '가

가든스 바이 더 베이(싱가포르)

든스 바이 더 베이Gardens by the Bay'다. 싱가포르 보타닉 가든이 열대 우림의 자연을 보존한 곳이고 샵하우스나 호커센터가 기후 특성에 적절하게 적응한 것이라면, 이곳 가든스 바이 더 베이는 간척지 위에 열대우림을 인공적으로 조성해 천연의 자연경관 못지않게 새롭게 창조해낸 초현대적 숲이다. 이곳의 전체적인 모습을 한눈에 담아보기 위해 마리나베이 샌즈 호텔의 스카이파크 전망대에 올랐다.

높이 200미터의 55층짜리 호텔 건물 3개의 꼭대기를 연결해 만든 옥상 전망대는 마치 하늘 위에 떠 있는 구름처럼 보인다. 그 구름 위에는 초록의 정원과 심지어 수영장까지 조성해놓았다. 최첨단의 건축공법으로 세계를 놀라게 한 이 호텔은 한국의 한 기업이 만들었다.

스카이파크 전망대에 오르니 사방으로 펼쳐진 싱가포르의 모습이 장쾌하게 눈에 들어왔다. 특히 동쪽으로는 싱가포르 해협의 푸른 바다가, 서쪽으로는 마리나베이를 둘러싼 여러 상징적 건물들이 한

눈에 들어왔다. 심신을 선득하게 휘감는 소름이 가볍게 돋아났다. 물론 자연스럽고 서정적인 아름다움을 편안하게 느낄 수 있는 분위기는 아니지만, 정신을 홀리는 치명적인 매력에 빠져들었다.

서쪽의 마리나베이에는 독특한 모양의 건물들이 호수처럼 형성된 만을 둘러싸고 있고, 서남쪽 방향에는 다운타운의 고층건물들이 밀도 높게 솟아 있었다. 연꽃 모양으로 조형된 국립과학박물관 ArtScience Museum과 열대과일을 형상화해 일명 '두리안'이라고 불리는 복합문화공간인 에스플러네이드Esplanade가 독특한 모양으로 눈길을 끌었다. 열대의 자연이 싱가포르의 도시경관 속으로 스며들어 초현대적 글로벌도시를 만들어내고 있었다.

전망대에서 내려와 가든스 바이 더 베이 안으로 들어가보았다. 이곳은 2012년에 조성된 넓은 간척지 위에 아홉 개의 특색 있는 정원들로 꾸며져 있는데 그중 가장 눈길을 사로잡은 것은 단연 '수퍼트리 정원Supertree Grove'이었다. 최첨단 과학기술이 적용된 이곳에는 열여덟 그루의 인공 나무가 25~50미터 높이로 세워져 있고, 그 나무에는 진짜 생명력을 지닌 여러 작은 식물들이 뿌리를 내리고 자라고 있었다. 마치 영화 아바타에 나오는 가상의 열대우림과 상당히 비슷한 모습이었다. 저녁이 되니 이 인공과 자연이 뒤섞인 나무들이 화려하게 조명을 발산하며 환상적인 분위기를 연출했다. 여기에 사용되는 조명은 모두 태양열 에너지로 만들어지는 친환경적 시설이라고 하니, 더 주의깊게 올려다보게 됐다.

열대의 자연환경을 집약적으로 경험할 수 있는 또 하나의 경탄스

수퍼트리 정원(싱가포르)

클라우드 포레스트(싱가포르)

싱가포르 창이국제공항의 실내 폭포

러운 정원인 '클라우드 포레스트Cloud Forest'도 방문했다. 이 실내 정원은 최첨단 기술을 적용해 기둥 없이 실내 공간을 시원하게 열어놓았다. 또한 지붕을 유리로 덮어 자연 채광을 확보하고 외부 경관도 그대로 볼 수 있도록 해놓았다. 내부에는 35미터 높이의 인공 산을 만들어 열대 고산지대(1,000~2,000미터)의 생태계를 복원해놓았는데, 그 정상에서 세찬 물보라를 일으키며 여러 줄기의 폭포수가 쏟아져 내렸다. 실내 온도는 섭씨 23~25도, 습도는 80~90퍼센트, 통창으로 햇빛이 쏟아지지만 외부보다는 시원했다. 비록 자그마한 산이지만, 그 정상에서 스카이워크를 따라 걸어 내려오면서 식물들을 천천히 감상했다. 그때 갑자기 산비탈의 구멍에서 수증기가 뿜어져 나와 온통 하얗게 운무림을 만들어냈다. 구름 속을 걷는 몽환적인 기분! '클라우드 포레스트(구름 숲)'라는 이름에 딱 걸맞은 풍경이었다.

인공 폭포의 시원한 물줄기와 열대 정원을 테마로 한 또 다른 명소는 2019년에 싱가포르 국제공항 청사 안에도 만들어졌다. '주얼 창이 에어포트Jewel Changi Airport'라 불리는 이 쇼핑몰에는 열대의 식물과 수직으로 쏟아지는 폭포가 세트를 이루어 이색적인 분위기를 만들어내고 있다. 시간에 맞춰 시원하게 쏟아져 내리는 물줄기와 천둥처럼 요란하게 울려퍼지는 물소리가 입을 떡 벌어지게 한다. 게다가 화려한 색깔의 조명이 입혀져 어디에서도 볼 수 없는 환상적인 분위기를 만들어낸다. 공항이라는 분주한 공간에 만들어진 열대우림과 대형 폭포라니! 그 기발한 상상력이 참으로 '싱가포르'답다는 생각을 해보았다.

## 공간 활용의 극대화 전략:
## 간척화·지하화·고층화

싱가포르는 작은 면적의 섬 위에 자리 잡은 도시국가다. 그런데 경제력이 커지면 땅에 대한 수요 또한 커질 수밖에 없으므로 이 문제는 싱가포르가 당면한 가장 큰 문제다. 기발함이 넘쳐나는 싱가포르는 이 문제를 어떻게 해결해왔을까?

싱가포르 곳곳에서는 조그마한 땅덩어리 하나도 허투루 쓰지 않는 치밀함을 볼 수 있다. 가장 눈여겨볼 만한 것이 간척을 통한 영토 넓히기 작업이다. 세계적인 관광지 마리나베이와 고층빌딩이 밀집된 다운타운 지구는 물론이고 창이국제공항도 간척지 위에 건설되었다. 1960년대 독립 직후부터 이러한 간척사업이 계속 진행되어 현재 싱가포르 전체 면적의 25퍼센트가 간척으로 생겨난 땅이다. 그런데 싱가포르가 간척에 적극적일 수밖에 없는 또 하나의 이유가 있다. 지구온난화에 따른 해수면 상승으로 가뜩이나 협소한 영토가 사라져버릴 가능성이 커졌기 때문이다.

작은 규모의 영토를 집약적, 효율적으로 활용하기 위한 또 다른 전략은 지하공간을 확충해나가는 것이다. 지하철과 지상철로 적절하게 체계화되어 있는 싱가포르 도시철도 엠알티MRT, 간척지와 해저 암반층을 뚫어서 만든 해저터널 도로, 그리고 넓은 공간을 필요로 하는 대형창고나 저장시설도 지하공간에 만들어가고 있다.

영토의 집약적 이용은 고층화 전략을 통해서도 추진되고 있다. 상업용 건물이나 주거용 아파트가 고층으로 건설되는 것은 그리 놀라운 일이 아니다. 다소 현기증을 불러일으키기도 한다. 그런데 대형빌딩 옥상공간을 농경지로 활용하는 전략은 혀를 내두르게 한다. 특히 대형주차장 건물의 맨 위층은 햇빛이 너무 강해 주차를 꺼리는 경향이 있다. 그런데 이 공간을 작물재배의 공간으로 전환한 그 아이디어가 기발하다. 대중교통을 발달시키고 자가용 소유를 어렵게 만드는 정책도 이와 관련이 있는데, 즉 주차공간의 필요성이 줄면서 그 공간을 다른 용도로 전환하는 것이 가능해진 것이다. 이러한 간척화, 지하화, 고층화 전략은 한 조각의 땅도 소중한 싱가포르이기에 가능한, 쥐어짠다는 표현이 어색하지 않은 공간 활용의 극대화 전략이다.

싱가포르의 도시철도 엠알티

## 정부 주도의 녹색 정책

잘 알려진 바와 같이 싱가포르의 도시경관은 매우 깨끗하고 쾌적하게 관리되어왔다. 그러나 처음부터 그랬던 것은 아니다. 1960년대 독립을 전후로 한 시기에 이미 싱가포르는 인구가 급증했고 이로 인해 자연환경이 빠르게 개간되어 삭막한 회색도시로 변모하고 있었다. 이에 싱가포르 건국의 아버지로 추앙받는 이광요 수상은 나무심기 캠페인을 적극 추진했고, 이는 곧 '가든시티 프로그램'으로 확대되었다. 이 프로그램은 싱가포르 시민들이 여가 공간과 깨끗한 공기를 누릴 수 있도록 일명 '녹색 허파'를 충분히 확장해나가는 것이었다. 1990년대부터는 고립적으로 분포하는 녹지 공간들을 연결해 '녹지 회랑'을 조성하고, 주민들의 '녹색 의식' 강화를 통해 그야말로 주민 일상생활의 녹색화를 추진했다. 최첨단의 포스트모던 건축경관과 더불어 녹색 가득한 정원 도시의 모습도 함께 갖추게 된 것이다.

싱가포르가 무더운 기후와 협소한 영토의 제약을 슬기롭게 극복해 열대 자연을 재창조하고 열대 유일의 선진국 글로벌도시로 성장할 수 있었던 과정을 살펴보면 국가 주도의 강력한 정책이 큰 힘을 발휘했음을 알 수 있다. 가진 것이 없는 작은 신생독립국이 존립하기 위해서는 무에서 유를 창조해내는 작업, 즉 새로운 국가 '만들기' 프로젝트가 추진되어야만 했다. 그 선결과제는 내부 구성원 간의 갈등을 해소하고 하나된 싱가포르 국민을 만드는 작업이었다.

싱가포르 국립박물관에는 이러한 과거 70년의 국가 만들기 과정이 깔끔하게 전시되어 있다. 그런데 박물관에서 내 눈을 더 강하게 잡아끈 것은 그곳에 방문해 과제를 수행하는 싱가포르 중학생들과 섹션별로 그들에게 설명을 해주는 큐레이터들의 진중한 모습이었다. 큐레이터는 말레이 반도 끝에 선주민으로 살던 말레이계와 수적으로 다수를 차지하며 이주민으로 살던 중국계, 그리고 인도계, 아랍계 등 다문화 집단을 통합해 새로운 싱가포르 국민을 만들었다는 자부심, 그리고 그것을 바탕으로 한 애국심을 한결같이 강조하며 싱가포르의 역사를 아이들에게 설명했다. 학생 대부분이 중국계였고, 실제로도 전체 인구 중 압도적으로 많은 수가 중국계임에도 중국계 중심의 나라라는 사실을 결코 내세우지 않는다는 점이 인상적이었다. 싱가포르는 다양한 집단 간의 갈등과 반목이 적어도 표면적으로는 드러나지 않도록 세력 균형과 평화로운 공존을 완벽하게 수행하는 몇 안 되는 국가다. 그러니 교육에서도 교육주체들의 그와 같은 태도가 잘 드러나는 것이 아닐까.

　박물관의 한 섹션에서는 싱가포르 초대 수상 이광요가 독립을 결정한다는 1960년대의 대국민 연설 동영상이 반복적으로 상영되고 있었다. 초창기에 좌파 민족주의자로 독립 운동을 전개했던 그는 싱가포르의 독립이 말레이시아로부터 내몰림당하고 결정한 고육지책이었음을 시인하며 눈물어린 연설을 이어갔다. 그 핵심은 새로운 국가를 건설해야 한다는 점, 그 국가는 특정 민족 집단이 중심이 되는 것이 아니라는 점, 차별이 없고 조화로운 민족간 관계를 바탕으로 싱가포르 정체성을 만들어야 한다는 점 등이었다. 물론 중국계가 압도적 다수를 차지하지만, 자기들을 내쫓은 말레이시아를 반면교사 삼아 특정 민족만을 위한 나라 건설을 배격한 것이다.

　싱가포르의 애국가가 말레이어로 되어 있다는 사실을 들었을 때 참으로 의아했지만, 그제서야 의문이 풀렸다. 때는 7월 초였지만 8월 9일 독립기념일 축제의 리허설이 한달 내내 진행된다는 점(사실 리허설이 아니라 그냥 한달 내내 축제를 한다고 보아야 할 것 같다)도 납득이 갔다.

제6장

·

# 열대와 동아시아가 만나다

우리 역사 속의 열대

한반도에서 가장 가까운 열대는 어디일까? 북회귀선 안쪽에 있는 대만, 홍콩, 마카오 그리고 조금 더 북쪽에 위치한 오키나와(북위 26도)까지를 생각해볼 수 있다. 제주도 남단에서 북회귀선까지의 직선거리는 대략 1,000킬로미터 정도이며, 오키나와 본섬까지는 750킬로미터밖에 안 된다. 그리 멀지 않은 거리에 우리와는 기후와 문화가 완전히 다른 세상이 펼쳐져 있다.

물론 지금은 열대 지역을 여행하는 것이 그다지 어렵지 않다. 그러나 과거에는 직접 만나고 교류하기 어려웠을 것이다. 그렇다고 해서 열대와의 교류가 전혀 없었던 것은 아니다. 유럽의 대항해시대처럼 전면적인 교류가 이루어지지는 않았지만, 우리 역사 기록을 살펴보면 한반도와 남방 열대의 교류가 간헐적으로 꾸준히 이어져온 것만은 분명해 보인다. 그 흔적들을 하나씩 찾아가보자.

## 고대 한반도와
## 열대 지역의 문화 교류

고대사회 이전에 해로를 통해 멀리 남쪽으로부터 문화가 전파되었다는 남방설은 여러 가지 문화 특성을 근거로 한다. 그중에서도 고대 사회의 가장 대표적인 유적인 고인돌은 이 설을 뒷받침하는 주요한 단서 중 하나다. 고인돌은 형태에 따라 탁자식과 개석식으로 나뉘는데, 이는 얼마 전까지만 해도 북방식, 남방식으로 불렸다.* 그 이유는 강화도의 지석묘처럼 지상에 무덤방을 만들어 4개 면에 받침돌을 세우고 그 위에 탁자형 돌덩어리를 덮는 탁자식 고인돌은 한반도 중부지방 이북에 주로 분포하고, 화순의 지석묘처럼 받침돌 없이 지하에 무덤을 만들고 그 위에 바로 돌덩어리를 덮는 개석식 고인돌은 한반도 남부지방에 주로 분포하기 때문이다. 그런데 바다 건너 동남아시아와 저 멀리 인도네시아에도 남방식 고인돌이 분포하는 것을 고려해본다면, 비록 논란의 여지가 있지만 그 연결성을 추정해볼 수 있다.

이 외에도 가락국(가야)의 시조 김수로왕을 비롯해 고대왕국의 많은 시조가 알에서 태어났다는 난생설화나 고온습윤 지역의 대표 작물인 벼가 한반도에서 재배되는 것 또한 남방문화와의 연관성을 보여주는 사례로 거론되곤 한다. 물론 구체적인 기록이 없기에 단정 지을 수는 없지만 고인돌, 난생설화, 벼농사의 분포 지역이 대체로 일치하는 경향을 보인다는 점도 추론의 신빙성을 높여준다.

---

* 한반도 내에서 이 두 가지 형태의 고인돌 분포 지역을 선으로 경계 지어 지역 구분을 하는 것은 사실 불가능하다. 대체로 북방식은 북쪽에, 남방식은 남쪽에 빈도 높게 발견되지만 혼재된 경우가 많다. 그리고 이것이 각각 북방과 남방에서 전파되어 한반도에 이르렀다는 전파론의 관점은 한반도 내 토착집단의 자생적 문화 형성이라는 측면을 간과할 우려가 있다. 그래서 도식적인 이분법에서 벗어나 남방, 북방 등 지리적 이름을 탁자식, 바둑판식, 개석식 등 형태적 이름으로 대체했다.

수로왕비 허황옥이 인도에서 가져왔다는 파사석탑

수로왕비릉(김해)

신라 흥덕왕릉 무인석상(경주)

대서사시 〈쿠쉬나메〉 속 신라에 온 페르시아 왕자 그림

수로왕비의 이야기도 그러한 추정을 뒷받침해준다. 『삼국유사』「가락국기」에는 인도 갠지스강 유역의 아요디아(아유타국) 공주인 허황옥이 48년(수로왕 7년) 가락국에 도착해 왕후가 되었다는 기록이 나온다. 이 기록의 사실 여부를 단정할 수는 없지만, 경남 김해시에는 수로왕릉과 수로왕비릉이 보존되어 있다. 수로왕비릉 옆에는 그녀가 배에 싣고 가져왔다는 파사석탑이 안치되어 있다.

한편, 삼국시대~고려시대에 걸쳐 적지 않은 아랍계 이주민이 한반도에 도래했다는 사실도 여러 증거들을 통해 확인할 수 있다. 신라의 38대 원성왕의 무덤인 괘릉과 그의 손자인 42대 흥덕왕의 무덤에는 대단히 이국적인 모습의 무인석상이 능을 지키고 있다. 얼굴과 체격의 생김새는 물론, 터번을 두르고 있는 모습이 아랍계일 것으로 추정된다. 당시 아랍계, 인도계 도래인의 구체적인 행적을 정확히 밝히는 것은 불가능하다. 그렇지만 고대 한반도가 해로 혹은 육로를 통해 저 멀리 인도, 중동 지역과 연결되어 있었으리라 추정하는 것은 충분히 가능하다.

최근 아랍 쪽의 역사 자료에서도 한반도와의 교류 흔적이 조금씩 드러나고 있다. 이슬람 연구자 이희수는 14세기에 만들어진 아랍 세계의 구술전승집, '아자히브Ajaib'를 소개하면서 그 내용의 일부인 대서사시 〈쿠쉬나메kush-nameh〉에 주목했다.[37] 이는 페르시아계 왕자가 멀리 '황금의 나라 신라'에 가서 그곳의 공주와 결혼한다는 이야기로 관련 그림도 함께 그려져 있다. 이희수는 이 내용이 우리에게 익숙한 처용가의 주인공, 처용의 이야기일 것으로 추정한다.

## 벽란도, 고려시대의 국제무역항

고려시대로 들어오면 조금 더 명확하게 교류의 증거들을 확인할 수 있다. 개경에서 10여 킬로미터 떨어진 예성강 하구에 있던 벽란도는 당시 국제무역항으로 이름을 떨쳤다.[38] 송나라 등 중국의 여러 나라는 물론이고 남쪽으로 일본과 교지국(베트남), 섬라곡국(태국) 등 동남아시아, 그리고 그 너머 대식국으로 알려진 아랍의 무역선도 정박했다. 고려의 문신 이규보는 당시 벽란도의 모습을 『동국이상국집』에 아래와 같이 표현했다.

> 조수는 밀려왔다가 밀려가고,
> 오고 가는 배는 머리와 꼬리가 잇대었도다.
> 아침에 이 누각 밑을 떠나면,
> 한낮이 채 못 되어 돛대는 남만南蠻 하늘에 들어가는도다.
> 사람들은 배를 가리켜 물 위의 역마驛馬라 하지만,
> 나는 바람 쫓는 준마駿馬의 말발굽도 이에 비하면
> 오히려 더디다 하리…
> 어찌 구구히 남만의 지경뿐이겠는가.
> 이 배를 빌리면 어느 곳이고 가지 못할 곳이 있으랴.

이들 외국 무역선은 멀리 '남만'에서, 즉 말 그대로 남쪽의 열대 오랑캐 지역에서 계절풍을 이용해 벽란도에 왕래하던 범선이었다. 이

쿠로시오 해류

는 그 도착 시기가 대체로 여름철 태풍이 지나고 남풍이 안정적으로 불어오는 9~11월이었다는 점을 통해 확인할 수 있다. 도착한 후에는 계절이 바뀌고 안정적인 북풍이 불어 편안하게 돌아갈 수 있을 때까지 한동안 머물렀을 것이다. 이는 고려 땅에 그들의 생활공간이 형성되었고 주류사회와도 적잖은 교류가 이루어졌음을 시사한다.* 고려 여인과 이슬람 상인의 사랑을 그린 고려가요 「쌍화점雙花店」은 이 같은 당시의 분위기를 엿볼 수 있는 증거다. 이들의 경험은 아랍 세계를 통해 점차 서구사회로 알려졌고, 결국 '고려'라는 이름이 서양에 알려져 '코리아'라는 지명으로 고착하는 계기가 되었다.

그렇다면 이규보가 언급한 '남만'을 오가던 배가 항해했을 바닷길

---

\* 일설에 따르면 벽란도와 개경 일대에 약 5만 명의 회회족(이슬람계)이 거주했다고 한다. 또한 일제강점기 불교연구가 이능화는 『조선불교통사』에 이들을 위한 예궁(모스크)도 존재했다고 기록했다.

은 과연 어디였을까? 한반도와 일본 등 동부아시아와 북회귀선 근방, 열대의 끝자락 사이의 지역에는 계절풍과 더불어 일종의 자연지리적 통로 역할을 할 만한 쿠로시오 해류가 연중 흐르고 있어 주목할 만하다. 이 해류는 필리핀 루손 섬에서 북쪽으로 대만, 오키나와를 거쳐 일본 큐슈에 이르고, 이후 한 줄기는 일본의 태평양 해안을 따라 동쪽으로, 다른 한줄기는 대한해협을 지나 동해로 북상한다. 유럽 최초로 대항해 시대를 열었던 포르투갈이 믈라카 해협을 지나 아시아의 끝 지점인 규슈의 나가사키까지 도달했고 그래서 일본이 일찍이 서양문물을 접하고 근대화에 앞설 수 있었던 것은 바로 이러한 지리적 조건과 관련이 있다.


## 빗장을 걸어도 막을 수 없었던
## 조선시대의 대외 교류

포르투갈이 대항해 시대를 열어젖히고 일본이 큐슈를 통해 서양의 문물을 받아들이고 있을 때 대한해협 건너 한반도에서는 어떤 일이 벌어지고 있었을까?

새롭게 등장한 조선왕조는 성리학의 논리에 장악되면서 점차 바닷길을 통한 대외 교류를 차단해버린다. 세종(1418~1450) 초기까지만 해도 고려시대의 개방성이 이어져 무슬림의 활동이 활발했음이 기록으로 남아 있다. 그러던 것이 세종 9년에 이르면 이들에 대한 분리와 차별 건의가 받아들여지고 이후 이들의 활동에 대한 기록은 급격히 사라져버린다. 이와 더불어 바닷길을 통한 대외 교역도 급격히 위축되고, 정부 간 사절단의 교환이나 민간의 무역 또한 사라진다.

## 조선으로 표류해온 푸른 눈의 이방인들

국가 차원에서 아무리 빗장을 걸어 잠근다고 해도 15세기 이후 유럽 대항해 시대의 거대한 영향에서 완전히 벗어날 수는 없었다. 특히 16~17세기 임진왜란, 병자호란 등의 혹독한 전쟁은 국경 너머의 외래 문물이 들어오는 계기가 되었다. 당시 이미 '남만'과 활발하게 교역하고 있던 일본을 통해 호박, 담배, 고추, 토마토 등 다양하고 진귀한 열대 작물들과 조총 같은 첨단 무기들이 처음 유입되었다.

당시 일본에서는 16세기를 전후로 한 시기에 일본에 등장하는 포르투갈인, 네덜란드인, 에스파냐인 등의 서양인들을 '난반南蛮, なんばん'(한국어 발음은 '남만'), 즉 남쪽 오랑캐라 불렀는데 그 이유는 남쪽의 동남아시아를 경유해 일본 큐슈로 들어왔기 때문이다. 그러나 그들은 남쪽의 미개한 열대 오랑캐가 아니라 문명화된 서구의 오랑캐였다. 오랑캐라는 말은 원래 '야만인'을 일컫는 멸칭이지만, 당시 이들은 뛰어난 근대 문물을 지니고 들어왔기에 단순히 멸시의 의미만을 담고 있지는 않았던 것 같다. 낯설고 진귀한 문물에 대한 경외감과 두려움의 이중적 감정이 동시에 녹아 들어가게 된 것이다.

조선시대의 대외 교류, 문화 유입과 관련해서 또 하나 주목해야

일본 나가사키의 데지마 유적지

할 것이 표류를 통한 상호 간의 경험이다. 조선왕조가 남방과의 공식적인 해양 교류를 금지하는 상황이었더라도 불의의 사고로 낯선 조선 땅에 표착한 이방인들이 조선사람들에게 색다른 문화를 전하는 일은 간간이 지속되었다. 대표적인 예가 우리 역사책에 등장할 정도로 잘 알려진 벨테브레이와 하멜이다. 이들은 모두 네덜란드 동인도회사에 소속된 사람들로 바타비아(자카르타)와 나가사키의 데지마 사이의 바닷길을 항해하다가 풍랑을 만나 각각 1627년과 1653년에 제주도에 표착한다. 이 바닷길의 동부아시아 구간을 흐르는 쿠로시오 해류가 때로는 성난 바다로 변하곤 했던 것이다.

　박연이라는 이름을 받고 귀화한 벨테브레이는 조선의 훈련도감에서 총포 만드는 일을 했다. 하멜은 13년간 억류되었다가 탈출에

제주도 하멜 기념비

성공해 데지마와 바타비아를 거처 네덜란드로 돌아갔다. 그는 곧바로 『하멜표류기』를 출간했는데, 여기에 조선에 억류된 13년 동안의 경험과 함께 조선의 지리적 특성을 소개한 '조선국기'가 수록되어 있다. 이 책은 유럽 사회에 조선이라는 존재를 확실하게 각인시켰다.

## 낯선 땅으로 흘러들어간 조선인들

이와는 반대로 출륙 금지로 한반도에 갇혀 지냈던 조선사람들이 연근해를 항해하는 도중 풍랑을 만나 열대의 외국에 닿는 경우도 조선 시대 내내 이어졌다. 특히 지리적 특성상 제주도 사람들의 표류 기록이 상당히 많은 것이 눈길을 끈다.

예를 들면 벨테브레이, 하멜이 조선에 닿은 것과 비슷한 시기에 제주도 사람 24명이 표류해 안남국(베트남)에 도착했던 사건이 있었다. 이들은 1687년 한양 조정에 진상품을 나르기 위해 육지로 향하던 중 추자도 근방에서 태풍을 만나 표류하다 멀리 베트남 중부의 호이안에 닿게 된다. 이곳에서 16개월을 지내다 안남국 조정의 배려로 제주도로 다시 돌아오는데 이는 조선 후기 실학자 정동유鄭東愈가 1806년에 저술한 『주영편晝永編』에 그들의 경험이 상세히 기록되어 있다. 이들의 이야기는 단순한 표류기의 성격을 넘어 조선사람들의 열대 지역에 대한 구체적인 경험을 전해주었다는 점에서 의미가 깊다.

> 그때 날마다 민가에 가서 쌀을 구걸하니 응하여 (쌀을) 줌에 싫어하는 기색이 없었다. 어느 곳에서나 마찬가지이니 아마도 그 나라의 풍속이 이와 같음이라. … (중략) … 그곳은 토지가 비옥하고 논이 많다. 절기는 항상 온난해서 사시 긴 봄날 같으니 항상 넓은 소매의 홑옷을 입는다. … (중략) … 일 년에 누에를 다섯 번 치며 쌀 수확을 세 번 한다. 먹고 입는 것이 풍요로우며 굶고 얼어 죽을 염려가 없다.[39]

열대의 풍요로운 삶과 넉넉한 인심을 몸소 체험한 제주 사람들은 고마움과 부러움을 느꼈을 것이다. 풍랑으로 생사를 헤매다가 겨우 도착한 열대의 땅은 모든 것이 낯설었기에 두려운 감정도 솟아났을 것이다. 하지만 그곳은 연중 따뜻한 기후에 먹을거리는 넘쳐나는 곳이었고, 말도 통하지 않는 자신들을 따뜻하게 품어준 인정 넘치는 곳이었다. 당시 조선에는 남방의 열대 지역에 대한 구체적인 지식과 정보가 빈약했고 그나마도 부정확했었다. 여기에 더하여 열대의 오랑캐 지역과 그 문화를 열등하게 바라보는 시선이 보편화되어 있었다. 하지만 현장을 직접 경험한 그들만큼은 그러한 문화적 편견이 상당 부분 잘못되었다는 사실을 깨닫고 있지 않았을까.

## '하늘 아래 최초'의 세계여행자
## 홍어 중계상 문순득

표류를 통해 남방 열대 지역을 가장 길게 경험하고 그 기록을 가장 상세하게 남긴 사람은 아마도 우이도(소흑산도) 홍어 중계상 문순득이 아닐까 싶다. 흑산도 일대에서 홍어를 사서 나주 영산포로 싣고 가서 파는 일을 했던 그는 1802년 1월 풍랑을 만나 표류 끝에 유구국(오키나와)에 도착한다. 여기서 8개월을 체류한 후 중국으로 가는 조공선을 타지만 또다시 표류해 이번에는 더 남쪽으로 여송국(필리핀 루손섬)에 도착한다. 여기서는 9개월을 체류한 후 마카오 상선을 얻어타고 마카오에 도착한다. 이후 육로로 중국을 가로질러 북경을 거쳐 한양에, 그리고 마침내 1805년 1월 고향 우이도에 도착한다.

　그런데 그 당시 우이도에는 새로운 세상을 꿈꾸던 실학자, 정약전이 유배생활을 하고 있었다. 두 사람의 운명과도 같은 만남을 통해 문순득의 파란만장한 3년 2개월의 여정이 「표해시말漂海始末」로 기록

문순득 동상(우이도)

되어 전해지게 된다. 한반도 바깥의 넓은 세상을 관념적으로 인식하고 있던 정약전은 문순득의 이야기에 깊이 매료될 수밖에 없었을 것이다. 그것은 남쪽 오랑캐가 사는, 한반도에서 가장 가까운 열대 지역에 우연히 다다라 직접 현지인들과 장기간 동고동락하면서 깊이 있게 관찰하고 경험한 이야기였기 때문이다. 예를 들면, 「표해시말」에 실려 있는 여송(필리핀)의 독특한 가옥과 열대과일 파파야에 관한 기록을 보면 문순득의 관찰과 기억이 얼마나 예리하고 정확했는지를 알 수 있다.

여송의 집은 네모지고 반듯하다. 사방은 3~5칸으로 넓지 않다. 주춧돌은 없고 땅을 파서 기둥을 세우고 높이 2~3장ᵗ 위에 층집을 만들어서 거처하며 사다리를 두고 오르내린다. 벽과 바닥은 모두 판자로 되어 있다. 앞뒤로는 석린石鱗(유리)으로 창을 내고, 대ᵗᵗ로 덮는다. 부

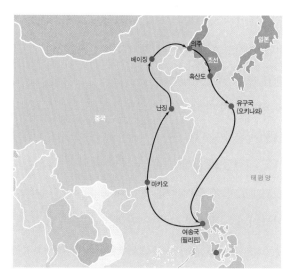

문순득의 표류와 귀국 여정

유한 사람은 석회로 담을 쌓는데 사각형을 이룬다. 담장 위에 종횡으로 나무를 쌓고 나무 위에 집을 지어 위는 기와로 덮고, 집으로 낙숫물을 내려 받는데 안으로 그 담장을 깔아 물이 가운데로 모여 내리게 하여 수고水庫를 만든다.[40]

여지(파파야) 나무는 크기가 10여 장이며 잎은 길고 두껍다. 3월에 익으며 열매는 크기가 오이 같고 색은 짙은 황색이며 씨는 살구씨 같으나 길고 맛은 달고 시원하다. 여송인들은 이것을 늘 먹으며 반찬으로도 만든다. 익지 않은 것은 채소 절임을 만드는데, 새콤한 향이 매우 좋다.[41]

만약 문순득이 지체 높은 양반의 신분으로 열대의 '남만'을 업신여기는 시선을 가지고 있었다면 과연 그들의 삶 속으로 직접 들어가 함께 생활하고 관찰하는 것이 가능했을까? 홍어 장수라는 비천한 신분이었기에, 하지만 호기심 많고 총기 넘치는 20대의 피 끓는 청춘이었기에 수평적 교류가 가능했던 것은 아닐까? 문순득은 낯선 열대의 모습과 그곳 사람들의 삶을 밑바닥에서 좌충우돌 경험했고, 그것을 머릿속에 그대로 담아 돌아왔다. 심지어는 유구(오키나와)와 여송(필리핀)의 언어까지 습득했는데 그 주요 단어들이 「표해시말」에 정리되어 실려 있다.

문순득의 탁월한 외국어 구사 능력은 고향으로 귀환한 후 엉뚱한 기회를 통해 세상에 알려지게 된다. 1801년 제주도에 표류해 9년 동안이나 억류당해 있던 여송인들의 통역으로 나서 귀환을 성사시킨 것이다. 말도 통하지 않는 조선 땅에서 만난 문순득이 그들 눈에는 마치 구세주처럼 보이지 않았을까?

당대의 조선사회는 지체 높은 성리학자들로 넘쳐났지만 이처럼 중국과 일본 외 다른 곳에서 표류해온 외국인들과는 소통 자체가 꽉 막힌 사회였다. 이런 분위기 속에서 문순득은 저 바깥 세계로 나아가 경험하고 그 실상을 세세하게 전해주었다. 정약용의 『경세유표』, 정약용의 제자 이강회의 『운곡선실』 등 조선의 개혁을 다룬 당대 실학자들의 저서가 탄생하게 된 것도 바로 문순득의 남방 열대 경험과 기억 덕분이었다. 이런 이유로 정약전은 그에게 '천초天初'라는 이름을 지어준다. '하늘 아래 최초'의 세계여행자라는 의미다.

신안군 우이도 진리 마을에는 문순득의 생가와 동상, 그리고 정약전의 적거지가 남아 있다. 그 위에 솟아 있는 상산봉에 올라 남방으로 터진 시원한 태평양을 바라보며, 문순득이 사투를 벌이며 흘러나갔을 그 모습을 상상해본다.

# 열대여행의 가장 큰 어려움은
## 자연이 아니라 사람이다

낯선 자연환경과 전염병 외에 종족과 종교 분쟁에 따른 정치사회적 불안은 열대여행을 머뭇거리게 만드는 또 다른 걸림돌이다. 종종 매스컴이나 책을 통해 오지를 거침없이 누비고 어떤 위험도 마다하지 않는 도전 정신을 여행의 가장 중요한 덕목으로 찬양하는 사람들이 있다. 하지만 안전을 담보하지 않은 도전으로 큰 해악을 입을 가능성이 있다면, 이 같은 무모한 여행은 자제해야 마땅하다고 생각한다.

### 세부 지역 정보도 주의 깊게 살필 것

우리나라 '외교부 해외안전여행' 홈페이지(www.0404.go.kr)에 들어가면, 정치적 상황은 물론이고 자연재해 상황까지 모두 반영해 국가별

여행 경보 수준을 정리해놓은 자료를 살펴볼 수 있다. 국가별 여행 경보는 크게 4단계로 구분된다. 1단계 남색경보는 여행 유의 국가, 2단계 황색경보는 여행 자제 국가, 3단계 적색경보는 출국 권고 국가, 4단계 흑색경보는 여행 금지 국가다. 또한 '특별여행주의보'라는 것도 있는데, 단기적으로 긴급한 위험이 있는 국가(지역)에 대해 주의를 발령하는 것으로 이 역시 여행자가 눈여겨봐야 할 정보다.

우리나라 정부는 여행지에 도착하자마자, 그리고 국경을 넘을 때마다 주의해야 할 사항이 상세히 적힌 문자를 보내준다. 감염병, 테러와 위험지역 정보, 그리고 위급상황 발생 시 연락처 등과 같은 주의사항과 정보가 계속 뜨니 경각심을 가질 수밖에 없다.

특히 여행하는 국가 내의 세부 위험지역에 대한 정보는 꼭 눈여겨봐야 한다. 우리는 어려서부터 세계를 국가 단위로 인식해왔기에 특정 국가 내의 지역별 다양성과 그 정보에는 둔감한 경향이 있다. 만약 국가 전체가 심각한 내전 상태인 경우(시리아 같은)라면 당연히 그 국가로 여행을 가서는 안 되겠지만, 대부분은 국가 내의 특정 지역에서 발생한 문제이므로 그 지역으로의 진입을 삼가고 다른 지역에서 안전한 여행을 진행하면 된다.

## 흑인에 대한 편견과 태도 바로 잡기

열대여행에서 또 하나 유념해야 할 것이 흑인에 대한 편견을 거둬내는 일이다. 아프리카 여행에서 만나 잠시 동행했던 벨기에 출신 백인 여행자 부부는 인종에 대한 편견이 전혀 없어 보이는 30대의 건실한 청년들이었다. 그들은 100년 전 벨기에가 식민지 콩고에서 어떤 악행을 저질렀고 그것이 현재 콩고의 정치적 불안, 경제적 곤궁과 어떻게 연결되었는지에 대해 깊이 이해하고 있었다. 나 역시 식민지배시대 콩고의 역사를 대략은 알고는 있었지만, 그들이 상세히 설명해주는 다양한 사건들은 끔찍하다는 표현으로는 한참 부족한 그야말로 극악무도함의 극치여서 다시 한번 많은 생각을 하게 됐다. 이런 이해와 공부가 있었기에 그들은 아프리카 주민들의 삶을 진지하게 경험하고 그들 입장에서 이해하려는 진실된 태도를 여행 내내 유지할 수 있었다.

우리는 열대여행이 식민제국주의라고 하는 인류 역사의 아픔을 오롯이 품고 있는 현장에서 이루어진다는 것을, 그래서 그 현장을 삶의 터전으로 살아가는 사람들에 대해 예의와 겸손을 잘 갖추어야 한다는 것을 잊어서는 안 된다.

> "내가 이번 여행을 하기까지는, 간접 경험이라 할까요, 세계적인 사상가들의 저서에서 많은 지식을 얻었습니다만, 한편 불행히도 편견을 배웠던 것이 아닌가 합니다. 즉, 종교가들은 전인류가 하느님의 아들 딸이라고 하여 박애주의를 내세우기도 합니다만 추상적인 데 그쳤고, 또한 사상가들이 전인류의 단결을 부르짖는 것도 기계적인 것이 아닐까 합니다. … (중략) … 내 천박한 지식으로나마 이번 여행에서 느낀

것은 종교나 사상의 힘으로 결합할 수 있는 것이 아니라, 범인간적으로 사랑하고 뭉칠 수 있다는 것입니다. 말하자면 사람의 본질은 끝내 선하며 사랑으로 융화될 수 있다는 것을 사무치게 느꼈습니다. … (중략) … 알래스카의 에스키모며 인디안이며, 아프리카의 니그로들과 침식을 같이 하면서 나는 그들에게 동화됨을 느꼈으며, 따라서 인간 일원론이라 할까요, 적어도 지구 위의 전인류는 같은 핏줄기라는 것을 은연 중에 깨달았습니다.[42]

위의 글은 1960~1970년대에 한국인 최초로 열대를 포함해 전 세계를 배낭여행으로 누비고 다녔던 여행가 김찬삼이 그의 세계여행기에 적은 내용이다. 여행의 현장에서 현지인들에게 동화되어 '인간 일원론'을 깨닫는 그의 경험이 울림을 준다. 새삼스러운 이야기지만, 여행에서 만나는 사람들을 인종으로 구분 짓고 거기에 우열의 가치를 얹어 바라보는 것은 참으로 위험한 시선이다. 만약 그런 인종주의적 사고와 행동을 드러내는 선진국 출신 여행자들이 사고를 당한다면 그건 그들의 잘못이라고 핀잔을 줘야 마땅하다.

## 위험을 흥정하지 말 것

열대의 사람들을 만나는 여행에서 또 하나 곤혹스러운 것이 구걸과 뇌물 문제일 것이다. 유명 관광지의 입구에서 우리는 수많은 잡상인이나 구걸꾼을 만나곤 한다. 특히 어린 아이들이 물건을 팔고 있는 모습을 보면서 안쓰러운 마음이 들어본 적도 있을 것이다.

열대 지역 사람들은 왜 이런 불편한 모습을 보일까? 결국 가난하기 때문일 것이다. 가난한 지역을 여행할 때 여행자가 있는 티를 내고 다니는 것은 결국 범죄의 대상이 될 수 있다. 즉 여행자가 곤경에 처하게 되는 이유는 여러 가지가 있겠지만, 그중 상당 부분은 여행자 자신에게 있을 수 있다는 것을 유념해야 한다.

물론 열대여행지에서는 아무리 티를 내지 않고 다닌다 해도 여행자의 행색을 완전히 숨기기 어렵다. 인종이 다르면 더더욱 어려울 것이다. 아무리 조심한다고 해도 한계가 있을 수 있고, 낯선 여행자의 약점을 이용하여 범죄의 대상으로 삼고자 하는 나쁜 사람들은 어디에나 있기 마련이다. 하물며 치안시스템이 엄격하게 작동하지 않는 국가에서는 아무리 조심한다 해도 한계가 있다. 그렇다면 해를 당하게 될 수도 있다는 점을 염두에 두고 막상 그런 순간이 닥쳤을 때 어찌하는 것이 좋을지도 미리 생각해두는 것이 좋을 것이다. 내 개인적인 견해로는 그런 경우 저항하기보다는 적당한 선에서 '당해주는' 것이 더 큰 피해로부터 벗어날 수 있는 지혜로운 전략이 아닐까 싶다.

케냐 여행 중에 있었던 일을 생각하면 지금도 씁쓸한 기분이 든다. 케냐 나이로비 공항에 도착했을 때만 해도 아무 문제 없이 입국심사를 잘 통과했다. 미국 돈 50달러를 내니 이민국 직원은 군소리 없이 도착 비자를 쾅 찍어주었다. 하지만 잠시 후 바로 그 비자 도장이 발단이 되어 어처구니없는 사건이 벌어졌다.

공항청사를 빠져 나와 휴대폰 유심칩을 장착한 후 안전한 앱을 통해 택시를 호출했다. 이윽고 택시가 도착해 대기 장소의 위치가 휴대폰 문자로 찍혔다. 나는 커다란 배낭을 메고 넓은 주차장을 가로질러 터벅터벅 걸어갔다. 대기 장소에 거의 도착할 무렵 나를 부르는 듯한 누군가의 걸걸한 목소리가 들렸다. 고개를 돌려보니 우람한 체구에 권총을 두른 말끔한 제복 차림을 한 경찰이었다. 순간 여행을 준비하며 미리 공부했던 주의사항이 불현듯 머릿속에 떠올랐다. 제복 차림의 가짜 경찰이나 군인이, 심지어는 진짜 경찰이나 군인조차도 여행자를 상대로 서슴없이 어떻게든 트집을 잡아 '삥'을 뜯으니 조심해야 한다는 내용이었다. 나한테도 그 일이 벌어졌구나 생각하며 두려움을 애써 누른 채 침착하게 그와 마주했다.

그는 느물느물한 말투로 내게 여권을 보자고 요구했다. 경찰 부스까지 지척에 보이는 공항 한복판이니, 가짜 경찰은 아닐 듯싶었다. 그는 내 여권의 페이지를 넘기며 알 수 없는 혼잣말을 하더니 도착 비자가 찍힌 부분을 손가락으로 가리켰다. 입국 날짜 표시가 흐릿하다며, 그걸로는 케냐를 여행할 수 없다고 다시 받아오라고 했다. 입국 날짜는 살짝 흐리긴 했어도 읽기에 문제없을 정도로 잘 보였다. 가벼운 줄다리기가 시작됐다. 삥을 뜯으려는 자와 뜯기는 자(정확히 말하자면 삥을 최소화하려는 자)의 주장이 서너 번 오고 갔다. 나의 시간끌기는 그의 부정한 악행에 저항하려는 것이 아니었다. 그것이 역효과를 불러일으킬 수 있다는 것은 이미 사전 준비를 통해 알고 있었기에 그 옥신각신의 짧은 순간 나는 적당한 가격은 얼마일까를 고민하는 중이었다. 마침 내가 부른 택시 기사가 그 광경을 보고 달려왔고, 그 역시 내게 뇌물을 건네는 것이 상책이라는 눈짓을 보냈다. 뒤돌아 지갑을 열어 300실링(한화 약 4,000원)을 뽑아들었다. 적은 돈이었지만 왠지 그 정도면 위기를 모면할 수도 있겠다 싶었다. 백주대낮의 국제공항 한복판에 외국인들을 포함한 많은 사람들이 모여 있었기 때문이다. 다행히 사건은 그렇게 마무리되었다.

## 심리적 부담을 덜어주는 전략들: 여행자 보험과 오픈채팅방

여행에서 위험한 상황은 언제든 벌어질 수 있다. 그것에 대비하는 것이 바로 여행자 보험이다. 보험을 가입해야 하는 가장 큰 이유는 아마도 건강 문제 때문일 것이다. 낯선 여행의 현장에서는 늘 긴장 상태이고 신체 움직임도 훨씬 많아져 매일매일 피곤함이 쌓여갈 수밖에 없다. 음식도 바뀌게 되면 탈이 나기 십상이다. 따라서 감염병의 위험은 물론이고, 활발한 움직임에서 오는 신체 손상이나 음식 변화로 인한 질병에 취약해질 수밖에 없다.

　아울러 여행자들에게 각종 절도나 분실 사건도 자주 발생하므로 주의해야 한다. 어디에나 나쁜 심성을 지닌 사람들은 있기 마련이다. 사실 우리 여행자는 객지인 여행지의 사정을 잘 모르는 어린이와 같은 존재일 수밖에 없다. 아무리 준비를 많이 하고 떠난다 해도 현지인의 눈에는 그저 이방인이고 어리숙한 바보일 뿐이다. 그러니 일부 나쁜 심성을 가진 현지인들에게 손쉬운 먹잇감이 되곤 하는 것이다. 여행자 보험이 선택이 아니라 필수인 이유이다.

한 가지 더 유념해야 할 것은 여행자 보험이 사고가 발생했을 때 그에 대한 경제적 보상 문제로만 국한되지 않는다는 점이다. 즉, 보험이 발휘하는 심리적 효과는 어쩌면 경제적 보상보다 더 중요할지도 모른다. 보험을 가입하고 떠나는 여행은 심리적 불안감을 상당 부분 경감해줌으로써 흥미진진한 경험들을 상대적으로 편안한 마음으로 즐길 수 있게 해준다. 이처럼 여행자 보험은 여행의 두려움과 어려움을 줄여줄 수 있는 필수전략이다.

그런데 보험은 여행에서의 사건 사고를 사전에 예방하는 전략이 아니라 사후약방문 같은 조치이기에 좀더 적극적인 사전 대비책이 필요하다. 가령, 특수 지역을 여행하기 위해 준비하는 사람들이 모여 서로 정보를 공유하는 오픈채팅방이나 인터넷 카페에 가입하여 함께 활동하는 것이 큰 도움을 줄 수 있다. 또한 세계화 시대를 맞이해서 대륙별, 국가별로 현지에서 거주하는 한국인들을 위한 오픈채팅방이나 카페도 늘고 있어 주목할 만하다. 물론 이곳은 주로 여행자들이 아닌 현지 거주민이나 사업가들이 정보를 교류하는 방이긴 하지만, 그렇기에 오히려 현지의 상세한 정보를 더 많이 얻을 수 있다. 이뿐만 아니라 온라인 커뮤니티는 여행 중 난감한 일을 겪었을 때, 혹시 모를 사고를 당했을 때에도 큰 도움을 얻을 수 있으니, 적극 활용해보면 좋을 것이다.

# 열대가 주는 삶의 행복을
# 모두가 누릴 수 있는 세상을 향해

열대에 관한 지리여행서를 써보겠다는 생각은 진작부터 마음에 품고 있었지만 시작하기가 쉽지 않았다. 그러다 본격적으로 마음을 먹게 된 것은 2년 전 어느 날 텔레비전에서 본 예능 프로그램 〈어서와 한국은 처음이지〉의 한 장면 덕분이었다. 우리에게 익숙한 한국의 지리와 문화가 외국인에게는 얼마나 낯설게 느껴지는지, 즉 낯익음 속에서 낯섦을 발견하는 묘한 재미가 있어 즐겨 보던 프로그램이었다.

그날 방송의 주인공은 아프리카 열대의 르완다에서 온 젊은이들이었다. 화면에 나온 한국의 계절은 겨울이었는데 그들은 "나무에 나뭇잎이 없네"라는 한마디로 한국에 대한 첫인상을 내뱉었고, 그 말은 내 뇌리를 흔들었다. 우리에게는 너무도 익숙한 겨울철 앙상한 나무가 그들에게는 그토록 낯설고 신기한 모습이라는 점을, 그래서 우리에게 낯익은 곳이 그들에게는 훌륭한 여행지가 될 수 있다는 점을,

아울러 그런 점에 비추어볼 때 우리 자신도 생각의 각도를 조금만 바꾸어본다면 낯익은 것 속에서 낯선 것을 발견할 수도 있다는 점을 새삼 깨닫게 되는 순간이었다.

그 깨달음을 얻으면서 나는 그들의 삶터인 열대의 르완다에서 자라고 있을 초록잎이 풍성한 나무들을 상상했다. 그러자 갑자기 모든 것이 낯설게 느껴지며 그 초록의 환경 속 다양한 자연경관과 문화경관이 파노라마처럼 내 머릿속에 그려졌다. 그것들을 바라보며 신기해하는 나 자신과 그런 내 모습을 바라보며 역시 신기한 표정과 미소를 보여주던 그곳 사람들의 모습이 함께 떠올랐다.

열대는 분명 우리에게 낯선 것들로 가득 채워진 매력적인 여행지다. 하지만 르완다 청년들의 눈에 신기하게 밟혔던 '앙상한 겨울나무의 한국'이 우리에게는 그저 평범한 삶의 현장인 것처럼 열대 환경이 펼쳐진 그들의 고향도 그들에게는 마찬가지일 것이다. 그런 의미에서 우리에게는 신기하고 흥미로운 여행지가 그곳에 사는 사람들에게는 평범하지만 치열한 삶의 현장이라는 당연하지만 쉽게 잊고 지내는 이 깨달음을 독자에게 전해야겠다는 생각이 들었다.

이런 양면적 시각을 적용해 이 책에서 나는 자연경관, 문화경관, 사람 등 장소를 구성하는 세 가지 요소, 즉 열대의 기후 특성이 만들어내는 독특한 자연경관, 거기에 맞춰 살아가는 현지 주민의 삶, 그리고 그 과정에서 만들어진 독특한 문화경관을 어떻게 바라보아야 할지, 그리고 그 여행의 매력과 주안점은 무엇인지를 풀어보았다. 이 책을 읽은 독자라면 이제는 '열대' 하면 떠오르는 이국적인 유토피아의 이미지와 암울한 디스토피아의 이미지를 다시 생각해보면서 우리가 열대를 소비하는 방식이 잘못된 이미지에 근거했던 것이 아닌지를 성찰했으면 한다. 그리하여 열대에 대한 막연한 두려움도, 오해와 편견도 조금이나마 해소되었기를 바라는 마음이다.

네게 열대여행은 낯선 세상을 경험하는 것 외에도 이곳에서의 나의 삶이 그곳들과 연결되어 있다는 사실을 새삼 확인하는 기회이기도 하다. 지금 이 시대는 이곳에 있는 우리의 삶과 그곳에 있는 그들의 삶이 긴밀하게 엮여 지구촌이라는 네트워크 속에서 작동하고 있다. 불과 2백여 년 전 예상치 못한 풍랑을 만나 열대를 경험하고 돌아온 문순득의 여정을 생각해보라. 문순득에게도 열대는 낯설고 신기한 것으로 가득 찬 곳이었겠지만, 그때는 그곳과 이곳이 각자의 생태적 조건을 기반으로 한 채 독자적으로 존재하며 완전히 분리된 곳이었다. 하지만 지금 이곳 우리의 삶은 열대의 생태계와 떼려야 뗄 수 없는 관계를 맺고 있다.

보르네오섬의 아름드리 열대 나무는 원목으로 수출되어 가구 제품의 재료가 되고, 열대우림이 있어야 할 자리를 차지한 기름야자에서 짜낸 팜유는 각종 생활용품의 원료로 그 수요가 놀라운 속도로 늘고 있다. 아마존의 아사이베리 열매나 멕시코산 아보카도는 한국인의 건강보조식품으로 인기가 높다. 킬리만자로 산자락의 탄자니아AA 커피나 스리랑카 하푸탈레 언덕의 실론티는 현지에서보다 다른 선진국에서 더 쉽게 먹을 수 있고, 가나의 카카오 열매와 쿠바의 사탕수수 원당으로 만든 달콤한 초콜릿은 우리의 행복한 일상을 만들어주고 있다. 문순득이 거래하던 흑산도 홍어는 귀한 어종이 되어 아르헨티나 산 홍어로 대체되고 있다. 이렇듯 이 시대의 푸드마일리지(식재료가 무역을 통해 이동한 거리)의 증가는 상상을 초월한다.

이 책에서 나는 열대의 자연과 문화가 '아름답고 풍요롭다'고 예찬했다. 그런데 이 시대에 그 아름다움과 풍요로움의 혜택을 더 많이 향유하는 것은 중위도 선진국 사람들이다. 이 같은 풍족한 일상과 우아한 행복의 바탕에 열대의 생태계와 그들의 삶이 깔려 있다는 사실을 외면할 수는 없다. 선진국 사람들이 누리는 혜택만큼 열대의 사람들이 그 대가를 충분히 받고 있는지 따져볼 필요가 있다.

그리고 다른 무엇보다도 열대의 아름다운 자연환경이 파괴됨으로써 기후온난화가 빠르게 진행되고 있고, 이는 결국 우리 인류 모두에게 심각한 재앙이 될 거라는 점에도 주목해야 한다. 『총, 균, 쇠』의 저자 재레드 다이아몬드는 최근 한국의 한 언론 매체와의 대담에서 "2050년, 우리 문명은 이제 30년 남았다"라며 다음과 같이 말했다.

"우리에게는 코로나19보다 훨씬 더 심각한 지구적인 문제들이 있습니다. 코로나19는 세계인이 다 걸린다 해도 사망률은 2퍼센트 정도입니다. 모든 사람이 죽는 것은 아니에요. 지금 우리에게는 모두 죽을 수 있는 심각한 위협들이 있습니다. …(중략)… 기후변화라는 위기 요소가 있습니다. 기후변화로 인해 점진적으로 모두 죽음을 맞이하게 될 겁니다. 그 상황에 다다르기 훨씬 전부터 모두의 삶은 참혹히 무너집니다. 여기에 자원 고갈 또한 서서히 세상 곳곳을 무너뜨리는 요인

이죠. 우리는 지구적인 문제에 대한 지구적인 해결책을 찾아가고 있

어야만 합니다."

- 《한겨레신문》 2021년 7월 22일자

마지막으로 한 가지 더 강조하고 싶은 것이 있다. 전 세계적으로 극빈층의 비율이 가장 높은 국가들은 대부분 열대 지역에 위치한다. 2019년 세계은행의 통계에 따르면, 하루 소득액이 1.9달러 이하인 극빈층 비율이 가장 높은 10개 국가는 남수단, 적도기니, 마다가스카르, 기니비사우, 에리트리아, 상투메프린시페, 부룬디, 콩고민주공화국, 중앙아프리카공화국, 과테말라다. 모두 회귀선 안쪽 열대와 사막 지역에 속해 있으며 과테말라를 제외한 9개 국가는 아프리카 대륙에 위치해 있다. 극도로 가난한 이들 국가는 설상가상으로 난폭한 종족 간 분쟁을 겪고 있는 경우가 많다.

그러나 여기서 주목할 것은 그 같은 불안정, 불평등, 극빈곤의 암울한 상황이 열대의 전부가 아니라는 점이다. 책에서도 계속 이야기했듯 대부분의 열대 지역이 처해 있는 정치, 경제적 후진성의 이유가 '열대'라는 기후 조건 때문이라는 생각은 더더욱 잘못된 것이라는 점을, 즉 그 원인은 선진국 주도의 식민제국주의 역사와 그 잔재에 의한 현대 정치세력들의 부패와 갈등에 있지 결코 그 자연적 조건이나 인간 본연의 특성이 아니라는 점을 다시 한번 강조하고 싶다. 그 속에서 안정된 로컬 사회를 이루고 평등의 전통을 실천하면서 평화로운 삶을 살아가는 이들의 삶을 보라. 박완서 작가의 여행산문집, 『잃

어버린 가방』의 한 구절은 열대를 여행하는 자의 시선이 어떠해야 하는지를 잘 보여준다.

> "남의 정치체제나 문화, 국민소득들을 우리와 비교하지 않고 그 나름대로 사는 양상으로 그냥 바라볼 수는 없는 것일까? 될 수 있으면 자신이 한국인이라는 것까지도 잊어버리고 다만 여행자가 될 수 있다면, 그리하여 외국이나 외국인 앞에서 마음을 도사려 먹지 않고 그저 부드러운 시선으로 남의 좋은 것이나 나쁜 것을 있는 그대로 바라보고 즐길 수 있다면 그거야말로 새로운 경험이 될 터이다."[43]

이처럼 나의 열대여행은 열대와 그곳 사람들의 삶을 우리 기준에 맞춰 일방적으로 불행한 삶이라고 단정지을 수 없다는 점, 열등하게 취급받을 이유가 없다는 점, 오히려 그들에게서 배울 수 있는 삶의 지혜도 적지 않다는 점을 확인하는 데에도 초점을 맞추어 진행되었다. 함께 여행한 독자들에게도 우열의 관점이 아니라 다름의 관점에서 "피부색, 말은 모두 달라도 우리는 자랑스런 인간이다"라는 노래 가사를 실감할 수 있는 그런 열대여행이 되었기를 바란다.

2023년 7월
이영민

# 미주

1 엘스워스 헌팅턴, 『문명과 기후』, 한국지역지리학회 옮김, 민속원, 2013.

2 팀 크레스웰, 『지리사상사』, 박경환 외 옮김, 시그마프레스, 2015, 21~50쪽.

3 심승희, 「지리적 세계의 안내서로서의 여행기」, 한국문화역사지리학회, 『여행기의 인문학』, 푸른 길, 2018, 60~61쪽에서 재인용.

4 이종찬, 『열대의 서구, 조선의 열대』, 서강대학교출판부, 2016, 468~474쪽.

5 조앤 샤프, 『포스트 식민주의의 지리: 권력과 재현의 공간』, 박경환·이영민 옮김, 여성문화이론연구소, 2011, 95~96쪽.

6 Cosgrove, D., "Tropics and Tropicality", In: Felix Driver and Luciana Martins(eds.), *Tropical Visions in an Age of Empire*, University of Chicago Press, 2005, pp. 197~216.

7 클로드 레비-스트로스, 『슬픈 열대』, 박옥줄 옮김, 한길사, 1998.

8 마이크 혼, 『적도일주』, 이주희 옮김, 터치아트, 2007, 91쪽.

9 마이크 혼, 위의 책, 191~192쪽.

10 김무환, 『발리보다 인도네시아』, 휴앤스토리, 2018, 242~243쪽.

11 앨프리드 W. 크로스비, 『콜럼버스가 바꾼 세계: 신대륙 발견 이후 세계를 변화시킨 흥미로운 교환의 역사』, 김기윤 옮김, 지식의숲, 2006.

12 이영민, 「아마존」, 『브라질: 역사 정치 문화』, 까치, 2010, 118~119쪽.

13 사이 몽고메리, 『아마존의 신비, 분홍 돌고래를 만나다』, 승영조 옮김, 돌베개, 2003.

14 장용규, 「나이로비 도시경관의 변화: 거주민의 목소리를 통해본 나이로비 변천사」, 『아프리카연구』 36호, 2014, 31~55쪽.

15 한국자연지리연구회 편, 『자연환경과 인간』, 한울아카데미, 2000, 464~466쪽.

16 안드레아 울프, 『자연의 발명: 잊혀진 영웅 알렉산더 폰 훔볼트』, 양병찬 옮김, 생각의힘, 2021.

17 울리 쿨케, 『훔볼트의 대륙: 남아메리카의 발명자, 훔볼트의 남미 견문록』, 최윤영 옮김, 을유문화사, 2014 ; 안드레아 울프, 앞의 책.

18 조앤 샤프, 앞의 책, 118~121쪽.

19 "밀림 파괴·유적지 훼손 우려 큰데 '마야철도' 강행하는 멕시코 정부", 《경향신문》 2022. 8. 29.

20  하름 데 블레이, 『왜 지금 지리학인가』, 유나영 옮김, 사회평론, 2015, 439~440쪽.

21  루츠 판 다이크, 『처음 읽는 아프리카의 역사』, 안인희 옮김, 웅진지식하우스, 2005, 41~55쪽.

22  쑨룽지, 『신세계사』 1·2, 이유진 옮김, 흐름출판, 2022.

23  재레드 다이아몬드, 『총, 균, 쇠』, 김진준 옮김, 문학사상사, 2005, 270~281쪽.

24  고일홍, 「문명의 빈곤과 문명 이전의 풍요: 수렵-채집민의 '원초적 풍요 사회'와 초기 농경집단의 고된 삶」, 『인물과 사상』, 2009, 154~169쪽.

25  데즈먼드 음필로 투투, 『용서 없이 미래 없다: 투투 대주교에게 배우는 우분투 정신과 회복적 정의』, 홍종락 옮김, 사자와어린양, 2022, 61~63쪽.

26  정수일, 「제13장 한국과 이슬람」, 『이슬람 문명』, 창비, 2002, 331쪽.

27  박완서, 『그 많던 싱아는 누가 다 먹었을까?』, 웅진출판주식회사, 1992, 197쪽.

28  장용규, 「동부 아프리카의 언어정책과 스와힐리 정체성의 형성」, 『아프리카 연구』 제15호, 3~28쪽.

29  로빈 핸버리 테니슨, 『역사상 가장 위대한 70가지 여행』, 남경태 옮김, 위즈덤하우스, 2009, 75~85쪽.

30  정수일, 『문명의 요람 아프리카를 가다』 2, 창비, 2018, 444~463쪽.

31  남종국, 『중세 해상제국 베네치아』, 이화여자대학교출판문화원, 2020, 167~199쪽.

32  이희연, 『지리학사』, 법문사, 1991, 51~53쪽.

33  김명주, 『백인의 눈으로 아프리카를 말하지말라: 한국인의 눈으로 바라본 그래서 더 진실한 아프리카의 역사 이야기』, 미래를소유한사람들, 2012, 52~80쪽.

34  외교부, 『2017 남아프리카공화국 개황』, 휴먼컬처아리랑, 2018.

35  브라이언 W. 블루엣·올린 M. 블루엣, 『라틴아메리카와 카리브해』, 김희순 외 옮김, 까치, 2013, 197쪽.

36  이희수, 『세상을 바꾼 이슬람: 아시아와 유럽을 연결한 이슬람 문명』, 다른, 2015.

37  이희수, 「고대 페르시아 서사시 쿠쉬나메(Kush-nameh)의 발굴과 신라 관련 내용」, 『한국이슬람학회 논총』 20권 3호, 2012, 99~113쪽.

38  이병희, 「고려시기 벽란도의 '해양도시'적 성격」, 『도서문화』 제39집, 2012, 39~73쪽.

39  최병욱, 「17세기 제주도민들이 본 호이안과 그 주변」, 『베트남연구』 2호, 2001, 189~205쪽에서 재인용.

40  서미경, 『홍어 장수 문순득, 조선을 깨우다』, 북스토리, 2010, 197쪽.

41  서미경, 위의 책, 204쪽.

42  김찬삼, 『세계일주무전여행기』, 어문각, 1962, 3쪽.

43  박완서, 『잃어버린 여행가방』, 실천문학사, 2005, 74~75쪽.

# 참고 문헌

단행본

- 구정은 · 김세훈 · 손제민 · 남지원 · 정대연, 『지구의 밥상: 세계화는 전 세계의 식탁을 어떻게 점령했는 가』, 글항아리, 2016.
- 글린 윌리엄스 · 폴라 메스 · 케이티 윌리스, 『개발도상국과 국제개발: 변화하는 세계와 새로운 발전 론』, 손현상 · 엄은희 · 이영민 · 허남혁 옮김, 푸른길, 2016.
- 김명주, 『백인의 눈으로 아프리카를 말하지 말라: 한국인의 눈으로 바라본 그래서 더 진실한 아프리카 의 역사 이야기』, 미래를소유한사람들, 2012.
- 김무환, 『발리보다 인도네시아: 불타는 땅 꿈꾸는 섬』, 휴앤스토리, 2018.
- 김연옥, 『한국의 기후와 문화』, 이화여자대학교출판부, 1985.
- 김종욱, 『지형학의 기초』, 서울대학교출판문화원, 2019.
- 김찬삼, 『김찬삼의 세계여행』 1~10권, 한국출판공사, 1986.
- 김찬삼, 『세계일주무전여행기』, 어문각, 1962.
- 남종국, 『중세 해상제국 베네치아』, 이화여자대학교출판문화원, 2020.
- 데즈먼드 음필로 투투, 『용서 없이 미래 없다: 투투 대주교에게 배우는 우분투 정신과 회복적 정의』, 홍종락 옮김, 사자와어린양, 2022.
- 레비스트로스, 『슬픈 열대』, 박옥줄 옮김, 한길사, 1998.
- 로빈 핸버리 테니슨, 『역사상 가장 위대한 70가지 여행』, 남경태 옮김, 위즈덤하우스, 2009.
- 루츠 판 다이크, 『처음 읽는 아프리카의 역사』, 안인희 옮김, 웅진씽크빅, 2005.
- 마이크 혼, 『적도일주』, 이주희 옮김, 터치아트, 2007.
- 메리 루이스 프랫, 『제국의 시선: 여행기와 문화횡단』, 김남혁 옮김, 현실문화, 2015.
- 박선미 · 김희순, 『빈곤의 연대기: 제국주의, 세계화 그리고 불평등한 세계』, 갈라파고스, 2015.
- 박완서, 『잃어버린 여행가방』, 실천문학사, 2005.
- 박완서, 『그 많던 싱아는 누가 다 먹었을까』, 웅진출판주식회사, 1992.
- 박정재, 『기후의 힘: 기후는 어떻게 인류와 한반도 문명을 만들었는가?』, 바다출판사, 2021.
- 브라이언 W. 블루엣 · 올린 M. 블루엣, 『라틴아메리카와 카리브 해: 주제별 분석과 지역적 접근』, 김희

순·강문근·김형주 옮김, 까치, 2013.
- 사이 몽고메리, 『아마존의 신비, 분홍돌고래를 만나다』, 승영조 옮김, 돌베개, 2003.
- 서미경, 『홍어장수 문순득, 조선을 깨우다』, 북스토리, 2010.
- 쑨룽지, 『신세계사 1 - 새롭게 밝혀진 문명사: 문명의 출현에서 로마의 등장까지』, 이유진 옮김, 흐름출판, 2020.
- 안드레아 울프, 『자연의 발명: 잊혀진 영웅 알렉산더 폰 훔볼트』, 양병찬 옮김, 생각의힘, 2016.
- 앨프리드 크로스비, 『콜럼버스가 바꾼 세계: 신대륙 발견 이후 세계를 변화시킨 흥미로운 교환의 역사』, 김기윤 옮김, 지식의숲, 2006.
- 엘스워스 헌팅턴, 『문명과 기후』, 한국지역지리학회 옮김, 민속원, 2013.
- 외교부, 『2017 남아프리카공화국 개황』, 휴먼컬처아리랑, 2018.
- 울리 쿨케, 『훔볼트의 대륙: 남아메리카의 발명자, 훔볼트의 남미 견문록』, 최윤영 옮김, 을유문화사, 2014.
- 윤상욱, 『아프리카에는 아프리카가 없다: 우리가 알고 있던 만들어진 아프리카를 넘어서』, 시공사, 2012.
- 이사벨라 버드 비숍, 『이사벨라 버드 비숍의 황금 반도』, 황병선 옮김, 경북대학교출판부, 2017.
- 이상희·윤신영, 『인류의 기원: 난쟁이 인류 호빗에서 네안데르탈인까지 22가지 재미있는 인류 이야기』, 사이언스북스, 2015.
- 이성형, 『배를 타고 아바나를 떠날 때』, 창작과비평사, 2001.
- 이성형 엮음, 『브라질: 역사 정치 문화』, 까치, 2010.
- 이영지·유지원, 『싱가포르, 여행 속에서 삶을 디자인하다』, 바른북스, 2018.
- 이승호, 『기후학』(3판), 푸른길, 2022.
- 이전, 『라틴아메리카 지리: 문화와 역사 그리고 정치 시사를 중심으로』, 민음사, 1994.
- 이종찬, 『열대의 서구, 朝鮮의 열대: 근대 학문과 예술은 어떻게 열대를 은폐했는가』, 서강대학교출판부, 2016.
- 이희수, 『이희수의 이슬람』(개정증보판), 청아출판사, 2021.
- 이희수, 『세상을 바꾼 이슬람: 아시아와 유럽을 연결한 이슬람 문명』, 다른, 2015.
- 이희연, 『지리학사』, 법문사, 1991.
- 장하준, 『경제학 레시피: 마늘에서 초콜릿까지 18가지 재료로 요리한 경제 이야기』, 부키, 2023.
- 전종한, 『세계지리: 경계에서 권역을 보다』, 사회평론, 2015.
- 정수일, 『문명의 보고 라틴아메리카를 가다』, 1·2, 창비, 2016.
- 정수일, 『문명의 요람 아프리카를 가다』 1·2, 창비, 2018.
- 정약전, 『표해시말漂海始末』(이강회의 『유암총서柳菴叢書』에 수록)
- 재레드 다이아몬드, 『총,균,쇠: 무기·병균·금속은 인류의 운명을 어떻게 바꿨는가』, 김진준 옮김, 문

학과지성사, 2005.

• 재레드 다이아몬드, 『대변동: 위기, 선택, 변화: 무엇을 선택하고 어떻게 변화할 것인가』, 강주헌 옮김, 김영사, 2019.

• 제프리 삭스, 『지리 기술 제도』, 이종인 옮김, 21세기북스, 2021.

• 조앤 샤프, 『포스트식민주의의 지리: 권력과 재현의 공간』, 박경환·이영민 옮김, 여성문화이론연구소 (여이연), 2011.

• 조지프 L. 스카피시·아르만도 H. 포르텔라, 『쿠바의 경관: 전통유산과 기억, 그리고 장소』, 이영민·김수정·조영지 옮김, 푸른길, 2017.

• 크리스티앙 그라탈루, 『대륙의 발명: 유럽은 세계를 어떻게 분할했나』, 이대희·류지석 옮김, 에코리브르, 2010.

• 팀 마샬, 『장벽의 시대: 초연결의 시대, 장벽이 세상을 바꾸고 있다』, 이병철 옮김, 바다출판사, 2020.

• 팀 마샬, 『지리의 힘 1: 지리는 어떻게 개인의 운명을, 세계사를, 세계 경제를 좌우하는가』, 김미선 옮김, 사이, 2016.

• 팀 마샬, 『지리의 힘 2: 지리는 어떻게 나라의 운명을, 세계의 분쟁을, 우리의 선택을 좌우하는가』, 김미선 옮김, 사이, 2022.

• 팀 크레스웰, 『지리사상사』, 심승희·박경환·정현주·류연택·서태동 옮김, 시그마프레스, 2015.

• 하름 데 블레이, 『왜 지금 지리학인가』, 유나영 옮김, 사회평론, 2015.

• 한국문화역사지리학회, 『여행기의 인문학: 여행이란 인간에게 운명과도 같다』, 푸른길, 2018.

• 한국자연지리연구회 엮음, 『자연환경과 인간』, 한울아카데미, 2000.

• 해양수산부, 『동아시아의 표류』(해양수산부 해양문화 연구총서 02), 민속원, 2019.

## 논문

• 고일홍, 「문명의 빈곤과 문명 이전의 풍요: 수렵-채집민의 '원초적 풍요 사회'와 초기 농경집단의 고된 삶」, 『인물과사상』 12월호(통권 140호), 2009, 154~169쪽.

• 김동석·송영훈, 「아프리카에서의 진실과 화해 추구 보편화에 관한 고찰」, 『OUGHTOPIA』 제32권 1호, 2017, 235~269쪽.

• 심승희, 「지리적 세계의 안내서로서의 여행기」, 『여행기의 인문학: 「로도스 섬 해변의 흔적」을 중심으로』, 푸른길, 2018, 23~70쪽.

• 이구의, 「최부의 표해록과 하멜의 표류기에 나타난 동서양의 교섭」, 『동아인문학』 제9집, 2019, 25~55쪽.

• 이병희, 「고려시기 벽란도의 '해양도시'적 성격」, 『도서문화』 제39집, 2012, 39~73쪽.

- 이영민, 「아마존」, 『브라질: 역사 정치 문화』, 까치, 2010, 111~124쪽.
- 이영민, 「김찬삼의 세계일주여행기: 사잇존재 지리여행가가 세상을 읽고 표현하는 방식」, 『문화역사 지리』 제32권 제2호, 2020, 80~94쪽.
- 이종찬, 「근대 서양사는 열대를 어떻게 은폐시켰는가」, 『서양사론』 제128호, 2016, 64~93쪽.
- 이종찬, 「알렉산더 훔볼트, 유럽을 넘어 융합의 세계로」, 『동서인문』 제5호, 2016, 83~120쪽.
- 이희수, 「고대 페르시아 서사시 쿠쉬나메(Kush-nameh)의 발굴과 신라 관련 내용」, 『한국이슬람학 회 논총』 제20권 제3호, 2012, 99~113쪽.
- 장용규, 「나이로비 도시경관의 변화: 거주민의 목소리를 통해 본 나이로비 변천사」, 『아프리카 연구』 제36호, 2014, 31~55쪽.
- 장용규, 「동부 아프리카의 언어정책과 스와힐리 정체성의 형성」, 『아프리카 연구』 제15호, 2002, 3~28쪽.
- 조흥국, 「고대 한반도와 동남아시아 및 인도의 해양교류에 관한 고찰」, 『해항도시문화교섭학』 제3호, 2010, 91~125쪽.
- 최병욱, 「17세기 제주도민들이 본 호이 안Hoi An 會安과 그 주변」, 『베트남연구』 제2호, 2001, 189~205쪽.
- 최성환, 「19세기 초 문순득의 표류경험과 그 영향」, 『지방사와 지방문화』 제13권 제1호, 2010, 253~305쪽.
- 허경진·김성은, 「표류기에 나타난 베트남 인식」, 『연민학지』 제15호, 2011, 275~289쪽.
- Cosgrove, D., "Tropics and Tropicality", In: Felix Driver and Luciana Martins(eds.) *Tropical Visions in an Age of Empire*, University of Chicago Press, 2005, pp. 197~216.

이 저서는 2021년 대한민국 교육부와 한국연구재단의 지원을 받아 수행된 연구임
(NRF-2021S1A5C2A02088731)

This work was supported by the Ministry of Education of the Republic of Korea
and the National Research Foundation of Korea (NRF-2021S1A5C2A02088731)

# 지리학자의 열대 인문여행

**초판 1쇄 발행** 2023년 8월 16일
**초판 4쇄 발행** 2024년 12월 27일

**지은이** 이영민
**펴낸이** 김종길 **펴낸 곳** 글담출판사 **브랜드** 아날로그

**기획편집** 이경숙·김보라 **마케팅** 성홍진
**디자인** 손소정 **홍보** 김민지 **관리** 김예솔

**출판등록** 1998년 12월 30일 제2013-000314호
**주소** (04029) 서울시 마포구 월드컵로 8길 41(서교동)
**전화** (02) 998-7030 **팩스** (02) 998-7924
**페이스북** www.facebook.com/geuldam4u **인스타그램** geuldam
**블로그** blog.naver.com/geuldam4u **이메일** geuldam4u@geuldam.com

ISBN 979-11-92706-12-2 (03980)
* 책값은 뒤표지에 있습니다.
* 잘못된 책은 구입하신 곳에서 바꾸어 드립니다.

만든 사람들 ─────────────
**책임편집** 김보라 **디자인** 손소정

글담출판에서는 참신한 발상, 따뜻한 시선을 가진 원고를 기다리고 있습니다.
원고는 투고용 이메일을 이용해 보내주세요. 여러분의 소중한 경험과 지식을 나누세요.
**이메일** to_geuldam@geuldam.com